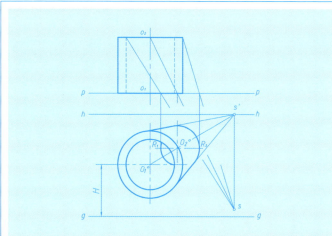

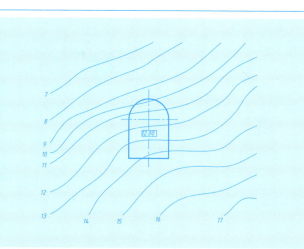

土木工程图学习题集

主 编　夏　唯　刘天桢

副主编　靳　萍　刘　永

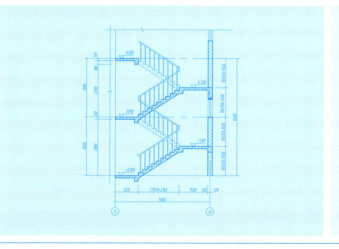
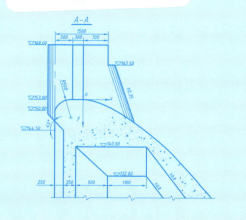

武汉大学出版社

图书在版编目(CIP)数据

土木工程图学习题集 / 夏唯,刘天桢主编;靳萍,刘永副主编. -- 武汉 : 武汉大学出版社,2024.9. -- ISBN 978-7-307-24594-5

Ⅰ.TU204-44

中国国家版本馆 CIP 数据核字第 20244AC301 号

责任编辑:谢文涛　　　责任校对:汪欣怡　　　版式设计:马　佳

出版发行:**武汉大学出版社**　（430072　武昌　珞珈山）
（电子邮箱:cbs22@whu.edu.cn　网址:www.wdp.com.cn）

印刷:湖北金海印务有限公司

开本:787×1092　1/8　　印张:31　　字数:76 千字

版次:2024 年 9 月第 1 版　　2024 年 9 月第 1 次印刷

ISBN 978-7-307-24594-5　　定价:48.00 元

版权所有,不得翻印;凡购买我社的图书,如有缺页、倒页、脱页等质量问题,请与当地图书销售部门联系调换。

前　　言

本书为武汉大学规划教材《土木工程图学》的配套习题集，习题集中各章题目的分量和难度均与教材相配合。课后做习题是进一步理解和掌握教材内容的重要途径，学生应认真、独立地完成作业。

本书由武汉大学具有多年工程制图教学经验的教师编写，夏唯编写第2、4、9、10、11、12章，刘天桢编写第3、5、8章，靳萍编写第7、13、14章，刘永编写第1、6章。全书习题由夏唯统稿，夏唯、刘天桢任主编，靳萍、刘永任副主编。

感谢所有参与本习题集编写工作老师的辛苦劳动！感谢武汉大学图学与数字技术系所有教师对本习题集提出的宝贵意见和建议！感谢武汉大学出版社谢文涛编辑及其同仁为本书出版付出的努力！

对于习题集中不妥和疏漏之处，热忱欢迎读者批评、指正。

编者

2024年7月，于武昌珞珈山

目　　录

第 1 章　工程制图基本知识 …… 1

第 2 章　点、线、面的投影 …… 6

第 3 章　基本体及其表面交线 …… 26

第 4 章　轴测投影 …… 44

第 5 章　组合体 …… 48

第 6 章　工程形体的图样画法 …… 60

第 7 章　标高投影 …… 68

第 8 章　建筑施工图 …… 75

第 9 章　建筑结构图 …… 79

第 10 章　建筑设备图 …… 82

第 11 章　建筑阴影 …… 88

第 12 章　建筑透视 …… 100

第 13 章　水利工程图 …… 106

第 14 章　计算机绘图基础 …… 114

参考文献 …… 120

第 1 章　工程制图基本知识

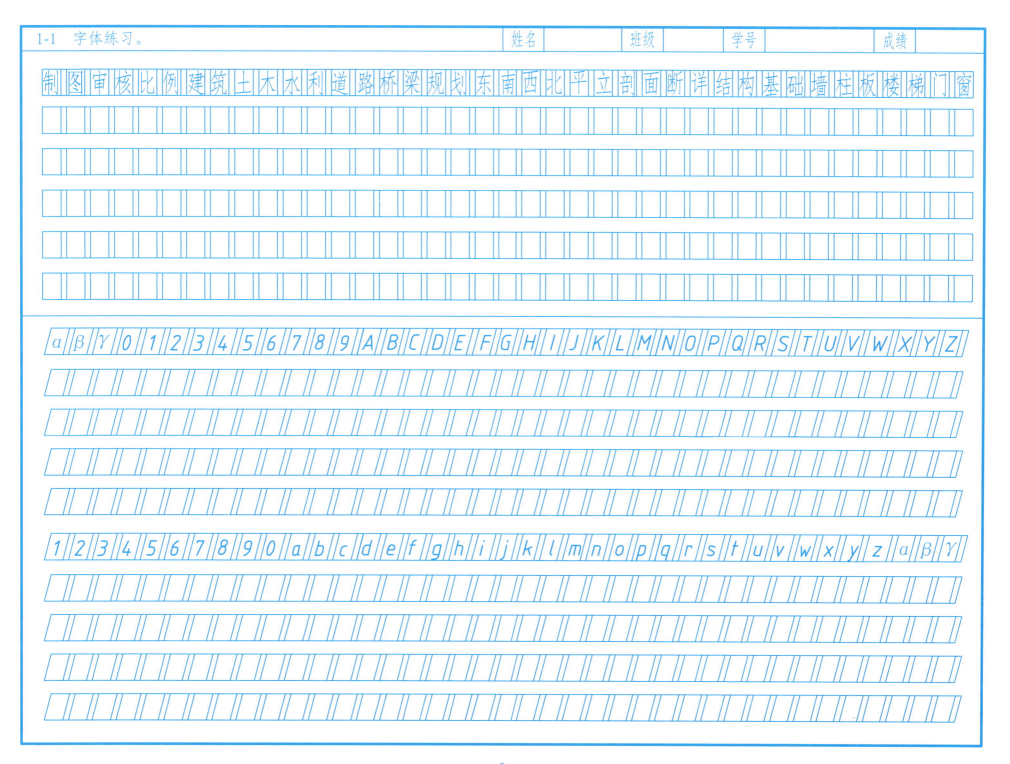

1-2 线型练习：在指定位置处抄绘各种图线和图形。

| 姓名 | 班级 | 学号 | 成绩 |

1.

2.

3.

4.

1-3 尺寸标注练习：填注下列图形中的尺寸，数值按照1:1从图中量取，取整。 | 姓名 | 班级 | 学号 | 成绩

1. 标注各方向的线性尺寸。

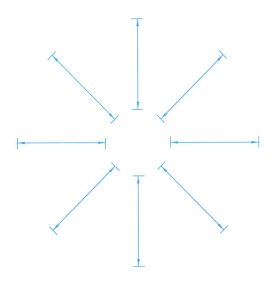

2. 标注各方向角度尺寸，及连续小尺寸。

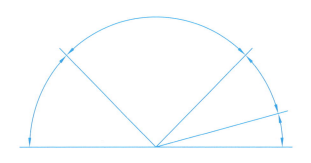

3. 标注半径、直径尺寸。

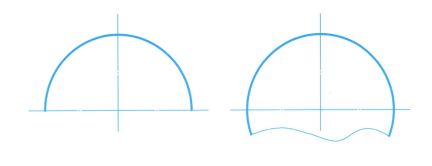

4. 标注平面图形尺寸。

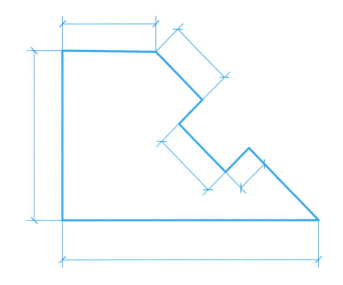

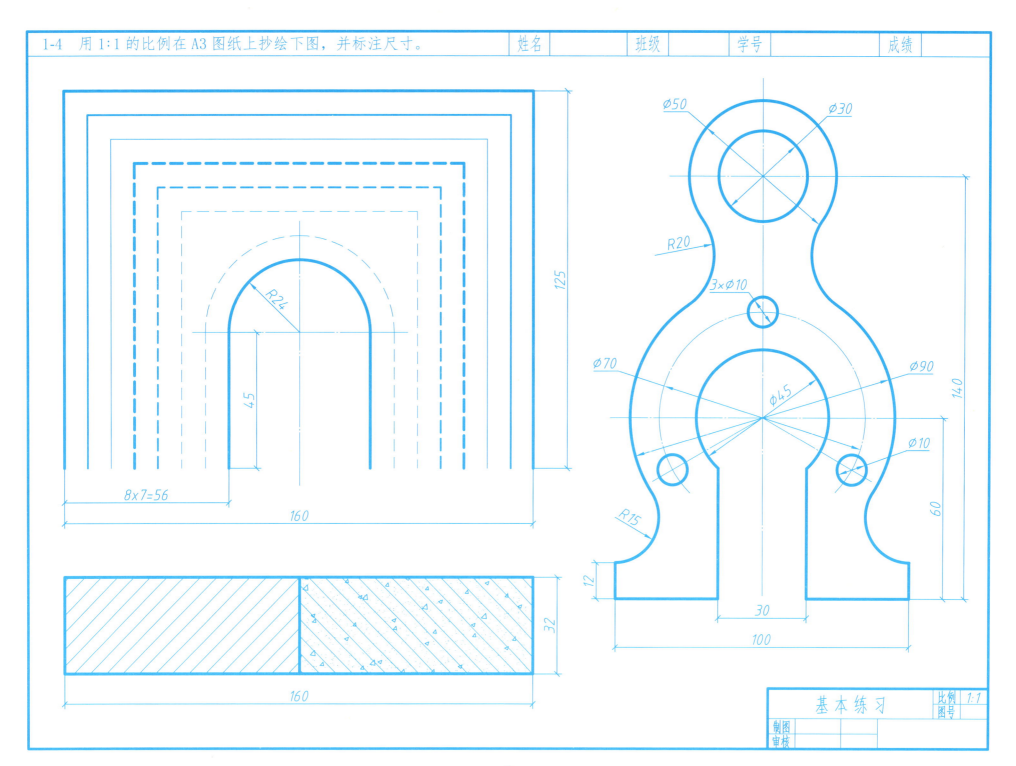

第 2 章　点、线、面的投影

2-1　根据立体图，作出三面投影（尺寸从图中量取，箭头方向为正面投影）。

姓名　　　班级　　　学号　　　成绩

1.

2.

3.

4.

2-2 点的投影。

1. 已知点的两面投影，求作第三面投影，并量取各点坐标填入表格内。（单位：mm）

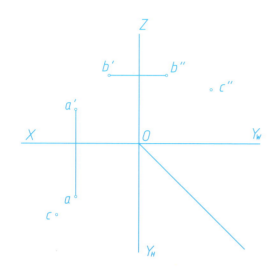
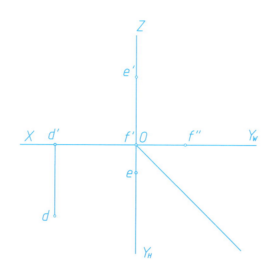

	x坐标值	y坐标值	z坐标值
A			
B			
C			
D			
E			
F			

2. 已知点 A（20,15,25），点 B（15,0,20），求作它们的三面投影。

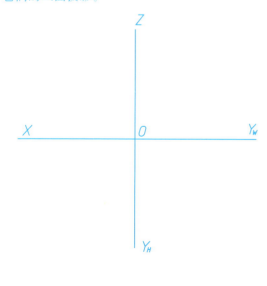

3. 补全两点的三面投影，并填写两点相对位置关系。

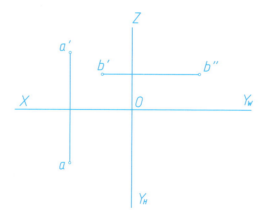

___点在左，___点在右；　___点在前，___点在后；
___点在上，___点在下；　点A在点B的_____。

4. 补全各点的侧面投影，并标注可见性，填写对各投影面的重影点。

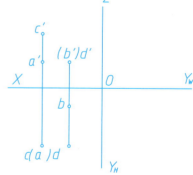

对H面重影点：_____
对V面重影点：_____
对W面重影点：_____

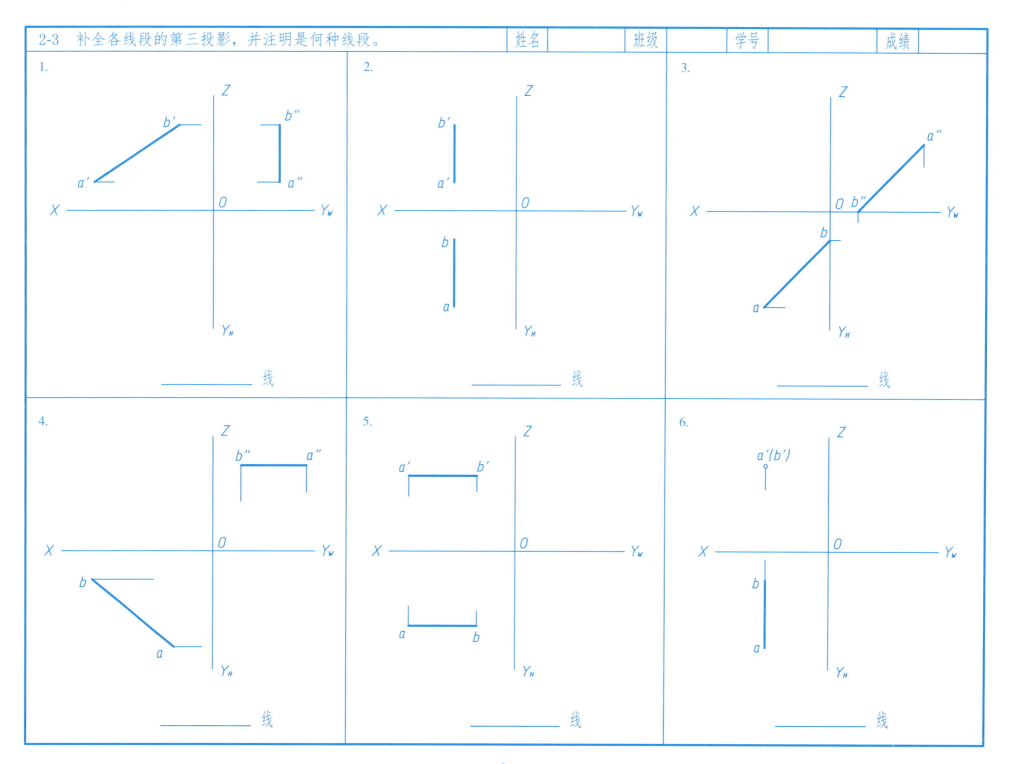

| 2-4 直线的实长及倾角。 | 姓名　　　班级　　　学号　　　成绩 |

1. 已知直线 AB 平行 V 面，对 H 面倾角为 30°，且下端点 A 距 V 面 20mm，求 ab、a'b'。

2. 求一般位置直线 CD 的实长，及其对 H、V 面的倾角 α、β。

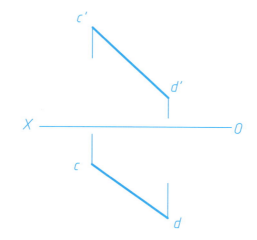

3. 已知直线 AB 对 H 面倾角为 30°，试完成其水平投影。

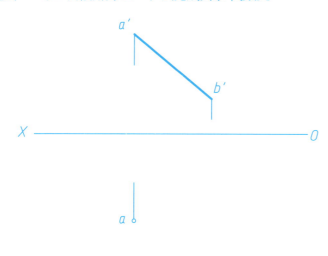

4. 在直线 AB 上截取一段 AC，使得 AC = 20mm，完成其投影。

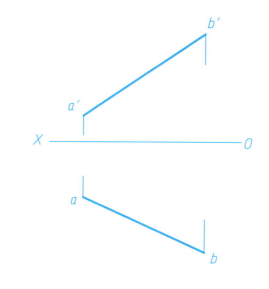

2-5 直线上的点。

1. 试在已知线段 CD 上求一点 K，使 CK:KD=m:n。

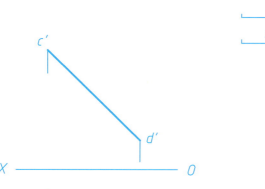

2. 已知线段 AB 上 K 点的水平投影，求其正面投影 k′。

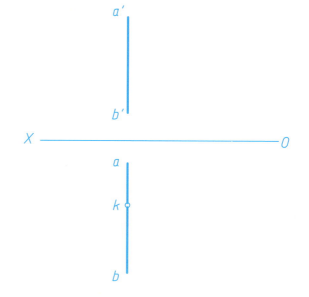

3. 在直线上取点 M，使点 M 距 V、H 面等距。

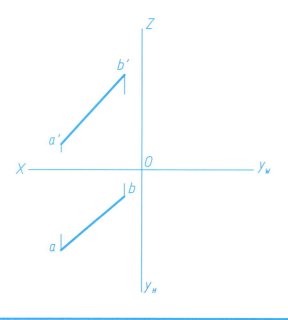

4. 判断点 K 是否在直线 AB 上。

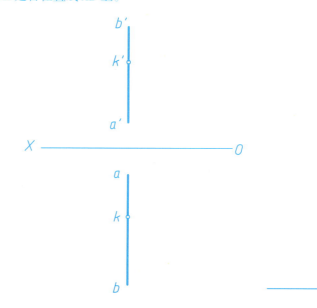

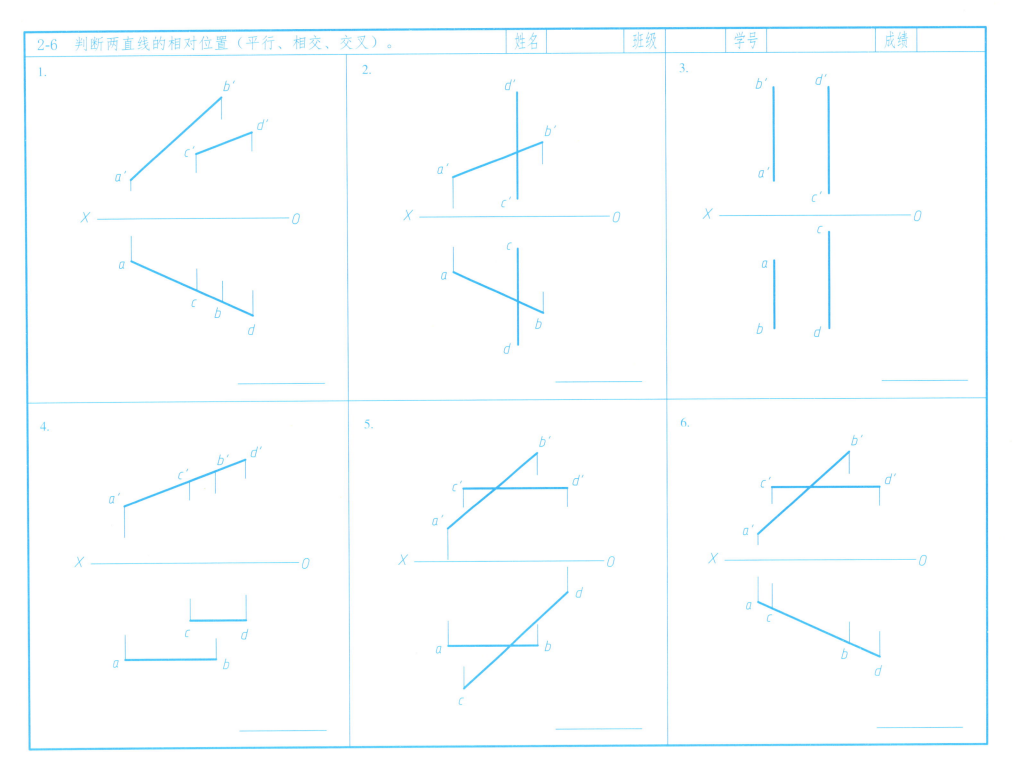

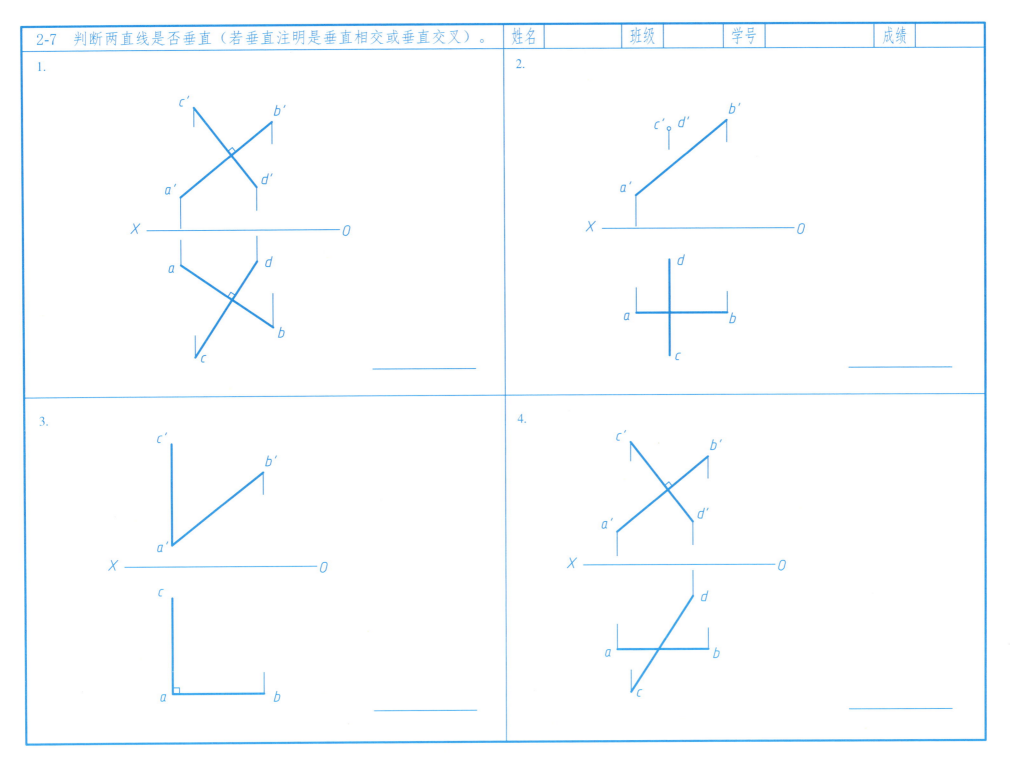

2-8 点、直线综合题。

1. 过点 A 作直线 AB 使其与直线 CD 相交,且交点 B 距 H 面为 20mm。

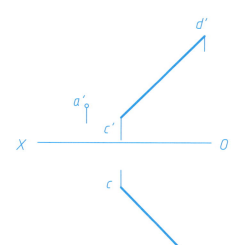

2. 作直线 MN,使它与直线 AB 平行,并与直线 CD、EF 都相交。

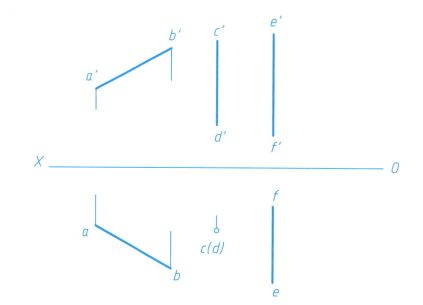

3. 在直线 AB 上确定一点 K,使其到 V 面与 H 面距离相等。

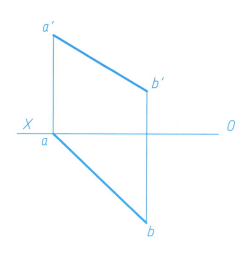

4. 求点 A 到直线 CD 的距离。

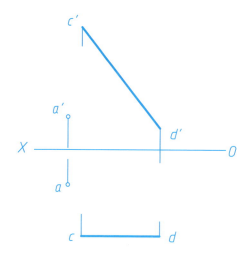

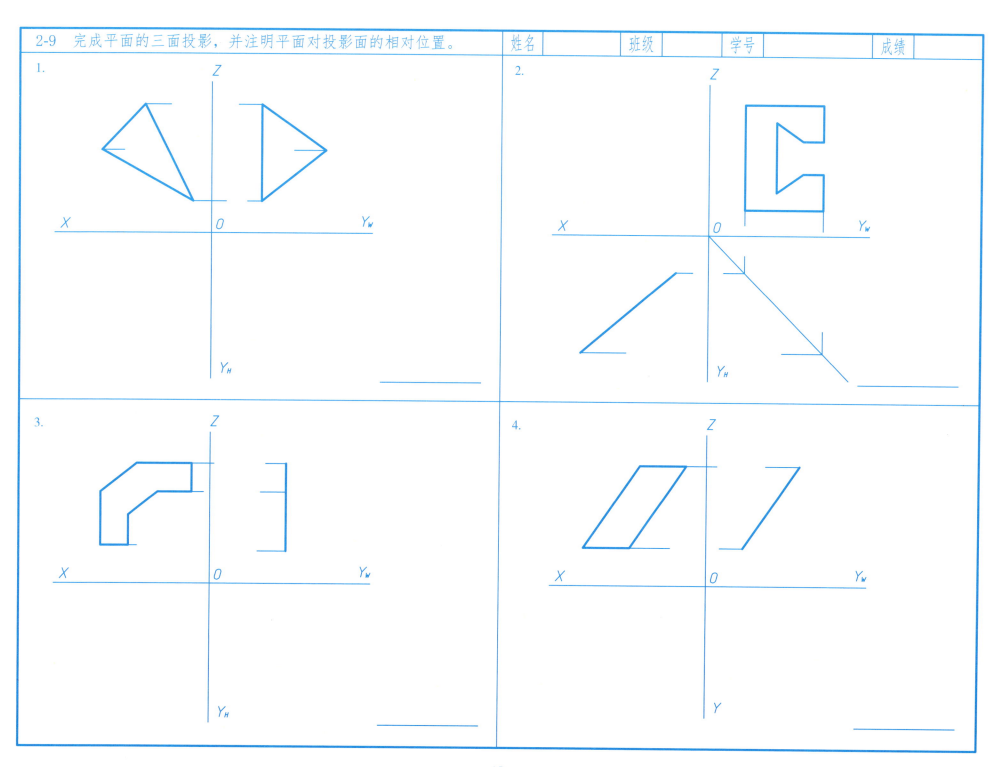

2-10 填空说明指定表面与投影面的相对位置，并在投影图中标明其三面投影。 姓名　　　班级　　　学号　　　成绩

1.

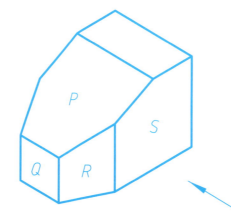

P是_____面

R是_____面

Q是_____面

S是_____面

3.

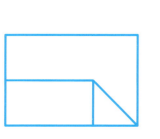

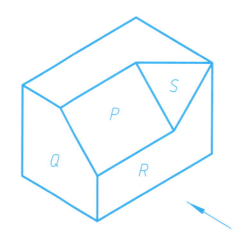

P是_____面

R是_____面

Q是_____面

S是_____面

2-11 点、直线在平面内的判断。

1. 判断 E、F 点，是否在平面 ABC 上。

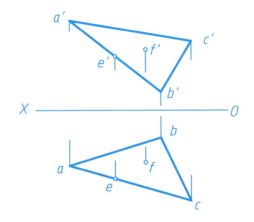

E点 _____

F点 _____

2. 判断 E、F、M 点，是否在平面 ABC 上。

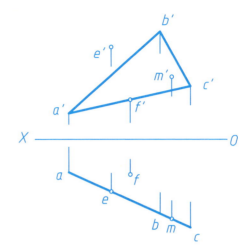

E点 _____

F点 _____

M点 _____

3. 判断 EF 直线，是否在平面 ABC 上。

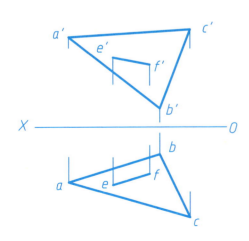

EF直线 _____

4. 判断 EF 直线，是否在平面 ABCD 上。

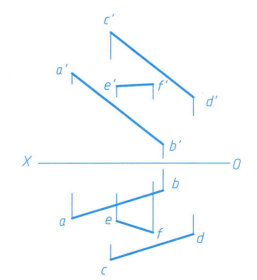

EF直线 _____

2-12　平面内的点和直线。

1. 完成平面图形的投影。

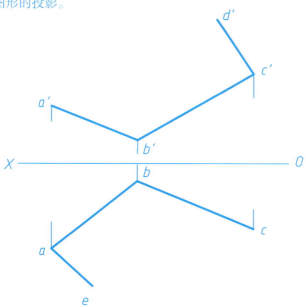

2. 已知平面 ABCD 的边 AB 为水平线，试补全其正面投影。

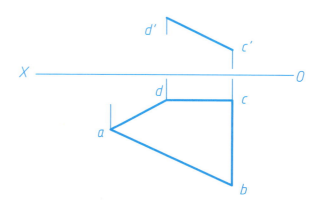

3. 已知平面 ABCD 的边 AD 为正平线，试补全其水平投影。

4. 完成平面图形的水平投影和侧面投影。

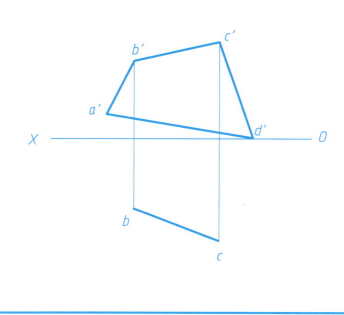

2-12　平面内的点和直线。

5. 在平面 ABC 内，作在 H 面之上 15mm 的水平线，作在 V 面之前 20mm 的正平线。

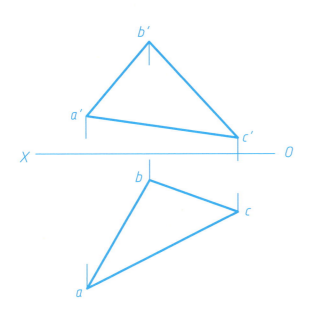

6. 在 ABC 平面内作点 K，使其位于 B 点下方 12mm，B 点前方 12mm 的位置。

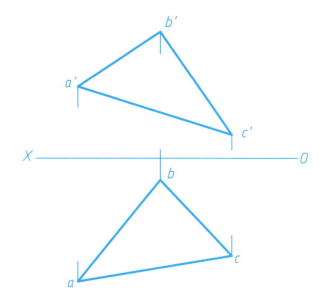

7. 求作平面 ABC 对 H 面的倾角 α 及平面 EFG 对 V 面的倾角 β。

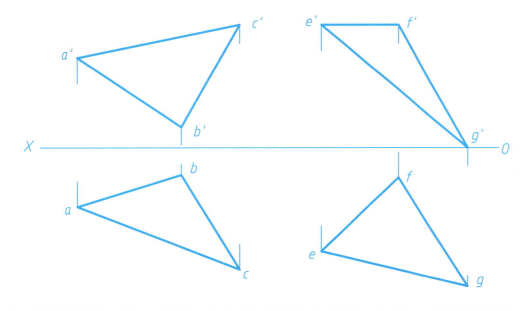

2-13　判断下列直线与平面、平面与平面是否平行。

1. 平面 ABC 与直线 EF。

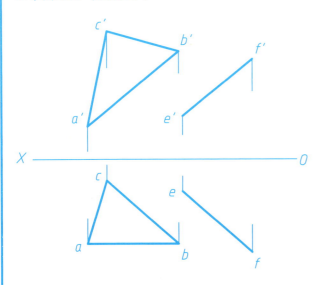

2. 平面 ABC 与直线 EF。

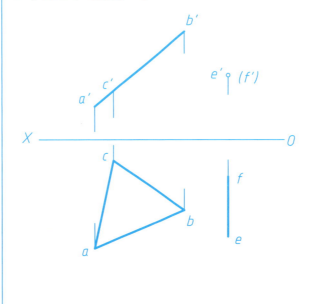

3. 平面 ABCD 与直线 KL。

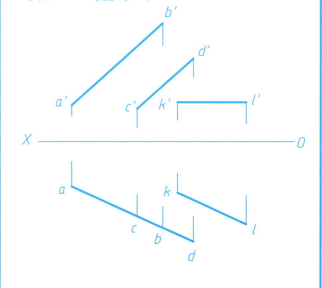

4. 平面 ABC 与平面 EFG。

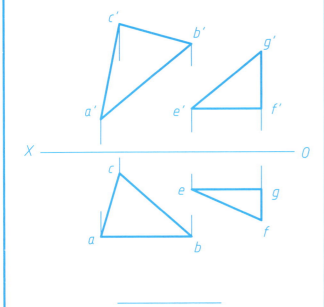

5. 平面 ABC 与平面 P。

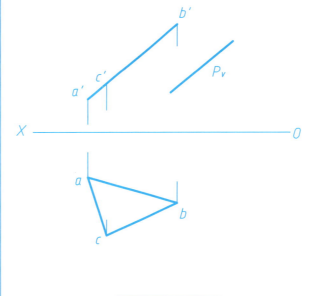

6. 平面 ABCD 与平面 KLMN。

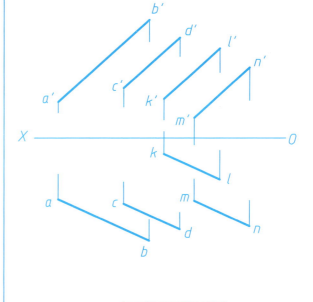

2-14 直线、平面相对位置。

1. 过点 A 作平面 ABC 与平面 DEF 平行。

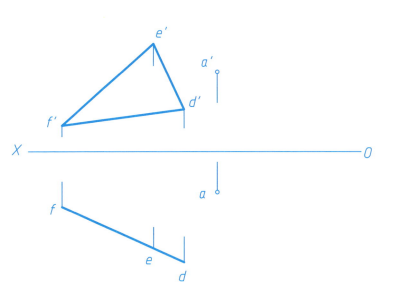

2. 过点 A 作水平线 AB 与平面 DEF 平行，作正平线 AC 与平面 DEF 平行。

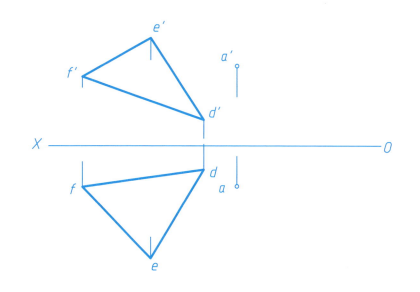

3. 已知平面 ABC 与交叉两直线 DE、FG 平行，求作 △ABC 的正面投影。

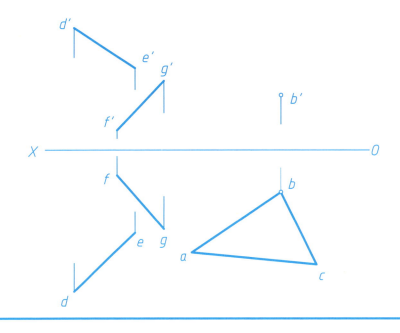

4. 作水平线 EF 使其与平面 ABC 平行，且与直线 MN、KD 均相交。

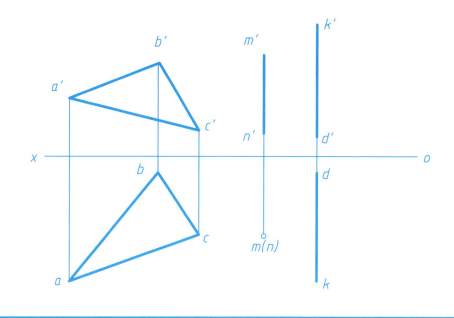

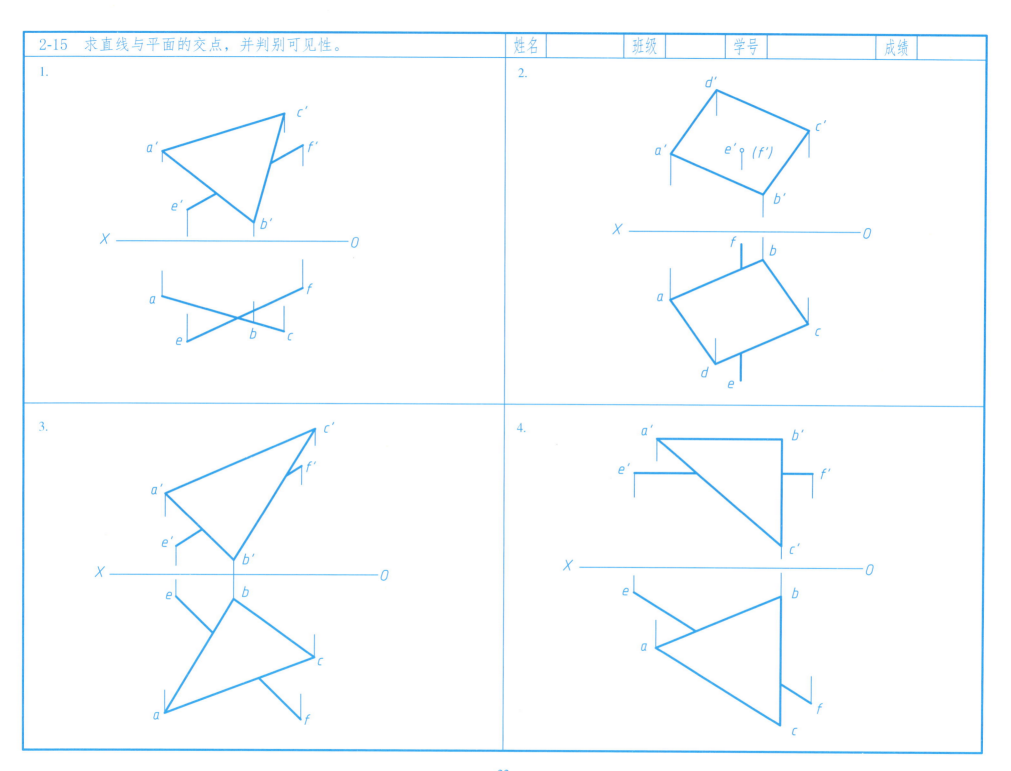

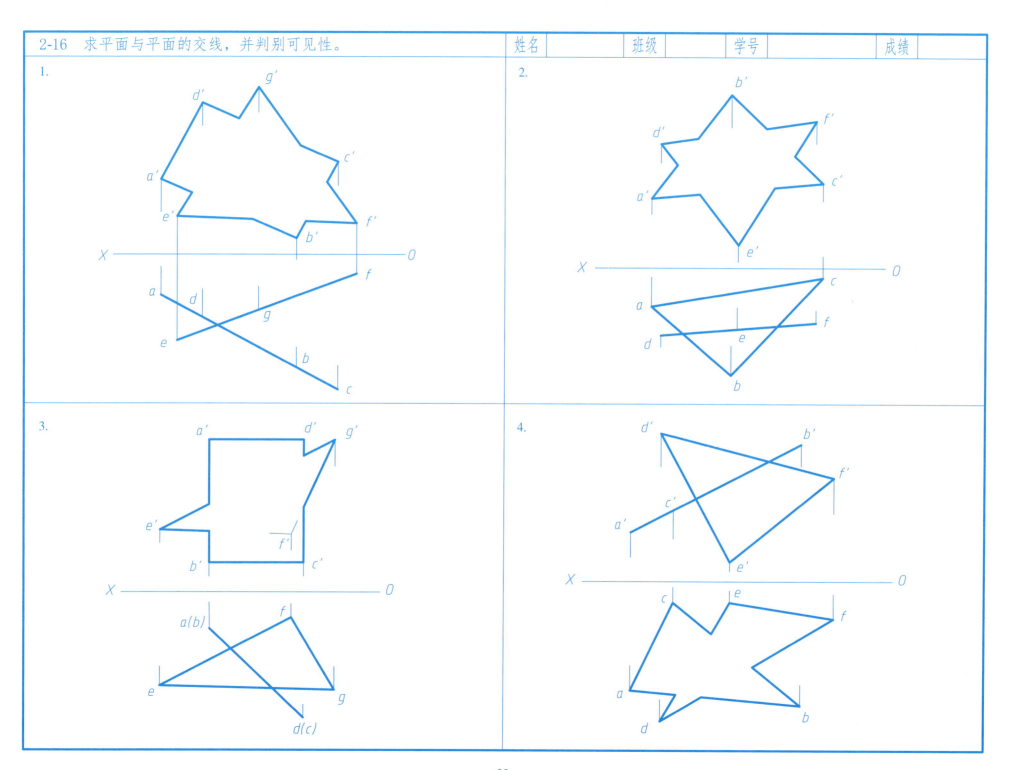

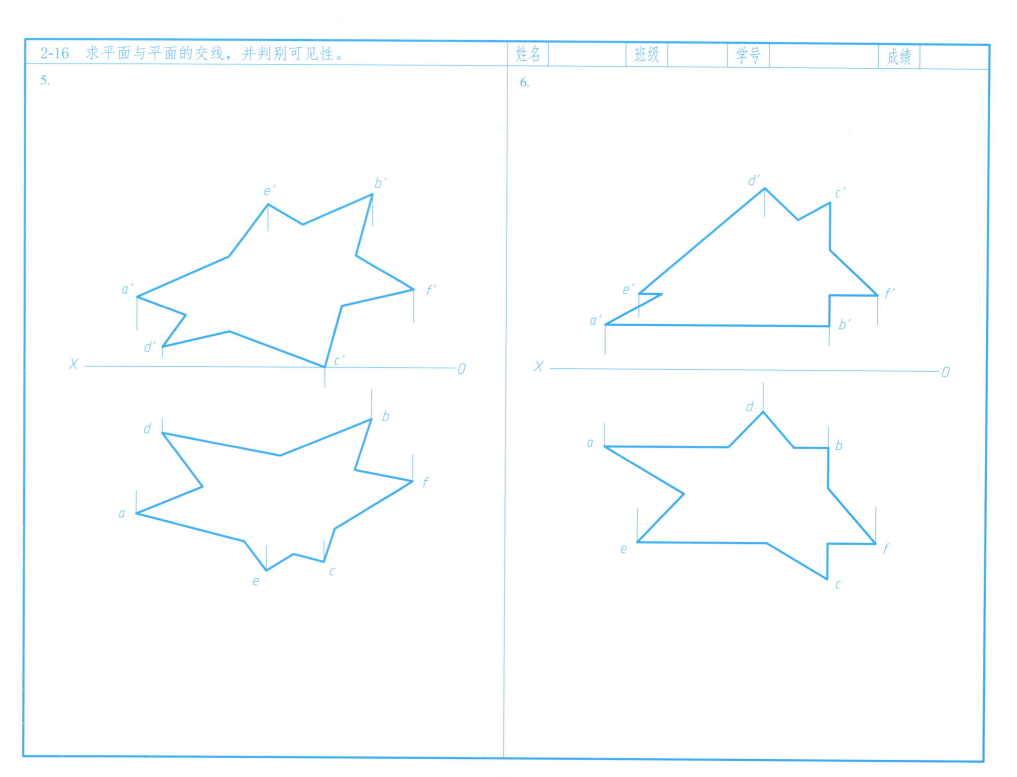

2-17 曲线的投影。

1. 已知圆心的投影，圆平面垂直于 V 面，倾角 α=30°，直径为 30mm，试求作圆的三面投影。

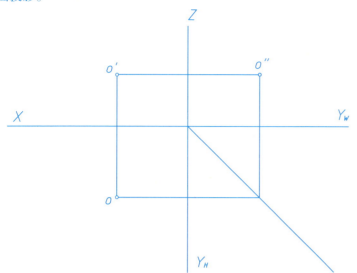

2. 已知圆柱面的投影，试求作其上右旋螺旋线的投影，并判别可见性。

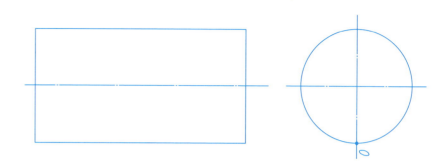

2-18 曲面的投影。

1. 已知直导线 AB、CD 的两面投影，导平面为水平面，试完成曲面的三面投影，并写出该曲面的名称。

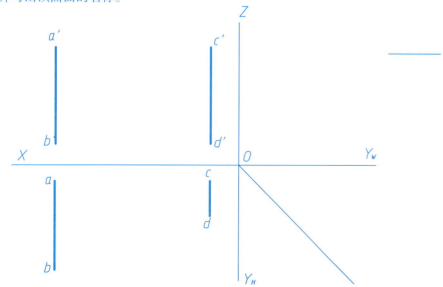

2. 已知直导线 AB、CD 的两面投影，导平面为正平面，试完成该扭面的三面投影。

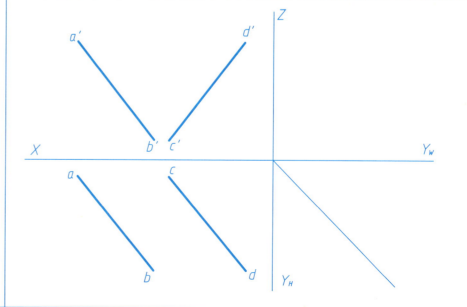

第 3 章　基本体及其表面交线

3-1 平面体的投影。

1. 求三棱柱的正面投影,并补全其表面上点、线的投影。

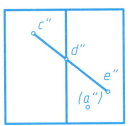

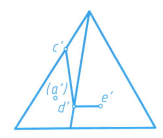

2. 求四棱柱的水平投影,并补全其表面上点、线的投影。

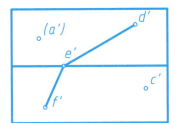
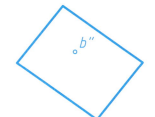

3. 求三棱锥的水平投影,并补全其表面上点、线的投影。

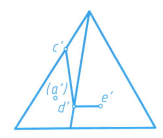
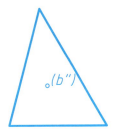

4. 求四棱台的水平投影,并补全其表面上点、线的投影。

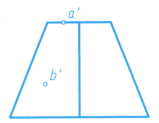
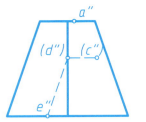

3-2 曲面体的投影。   姓名   班级   学号   成绩

1. 求圆柱的侧面投影，并补全其表面上点的投影。

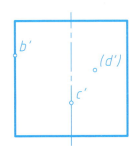

2. 求圆柱的水平投影，并补全其表面上线 ABC 的投影。

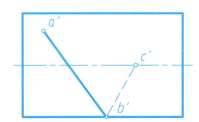 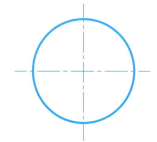

3. 求圆锥的侧面投影，并补全其表面上点的投影。

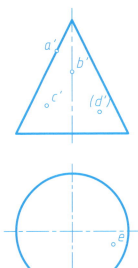

4. 求圆台的水平投影，并补全其表面上点的投影。

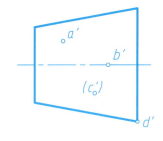 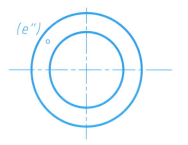

3-2　曲面体的投影。

5. 求圆锥的水平投影,并求出圆锥面上曲线 ABC 的其余两面投影。

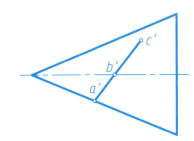 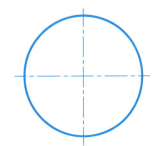

6. 求圆台表面上线 ABC 的投影。

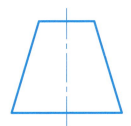 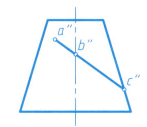

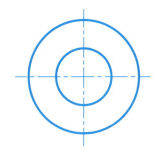

7. 求圆球表面上各点的其余两个投影。

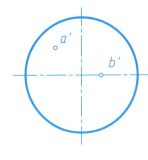 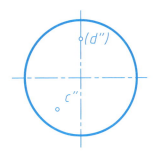

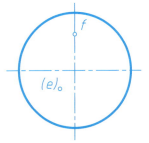

8. 已知圆球面上曲线 ABCD 的正面投影,试求出曲线 ABCD 的其余两个投影。

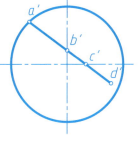 

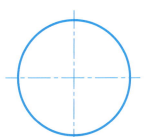

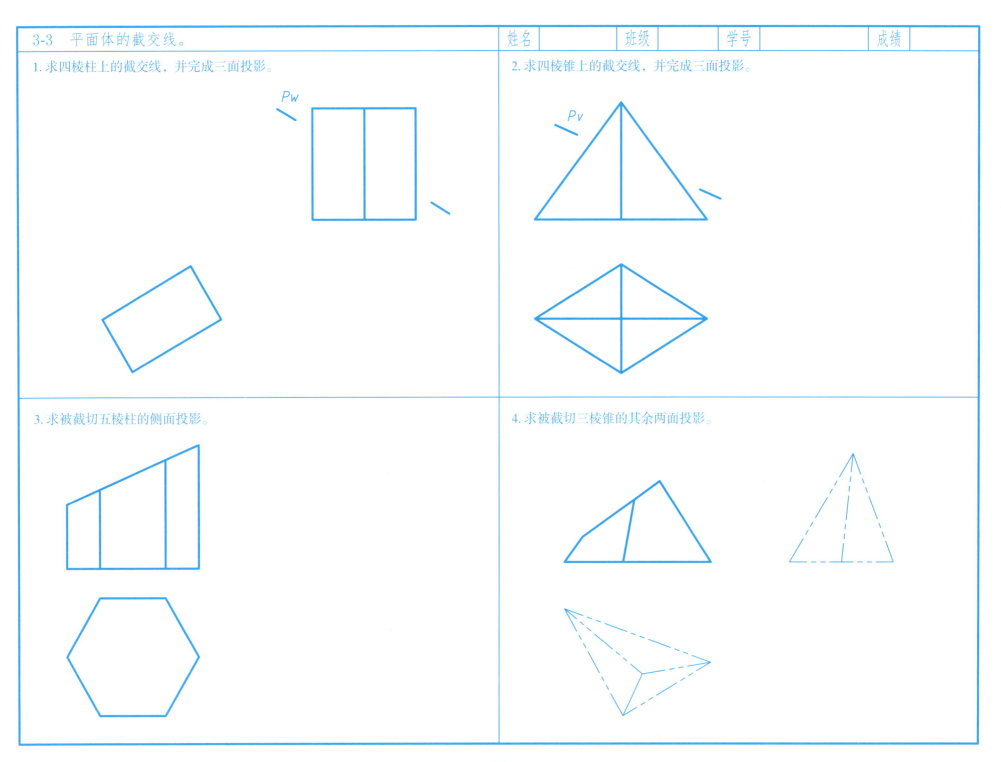

3-3 平面体的截交线。	姓名 班级 学号 成绩
5.求被截切五棱柱的其余两面投影。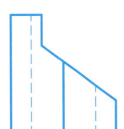	6.求被截切四棱锥的其余两面投影。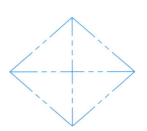
3-4 曲面体的截切。	
1.求被截切圆柱的其余两面投影。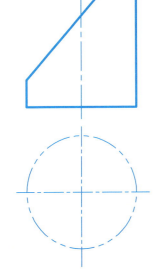	2.求被截切圆柱的其余两面投影。45°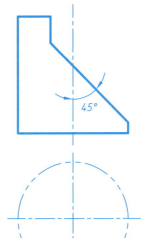

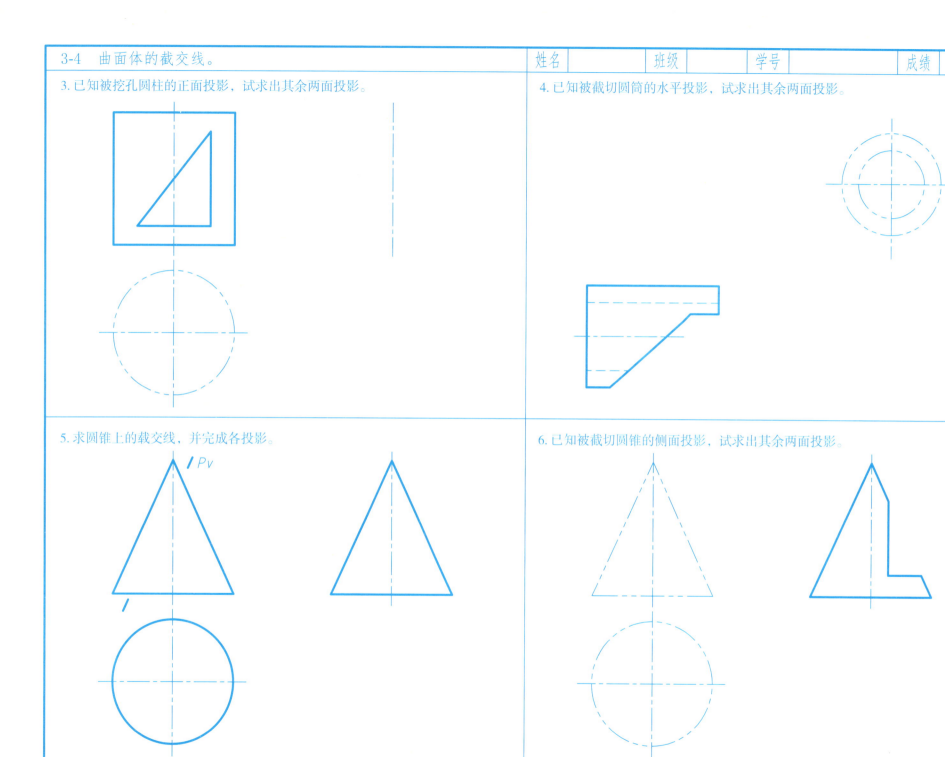

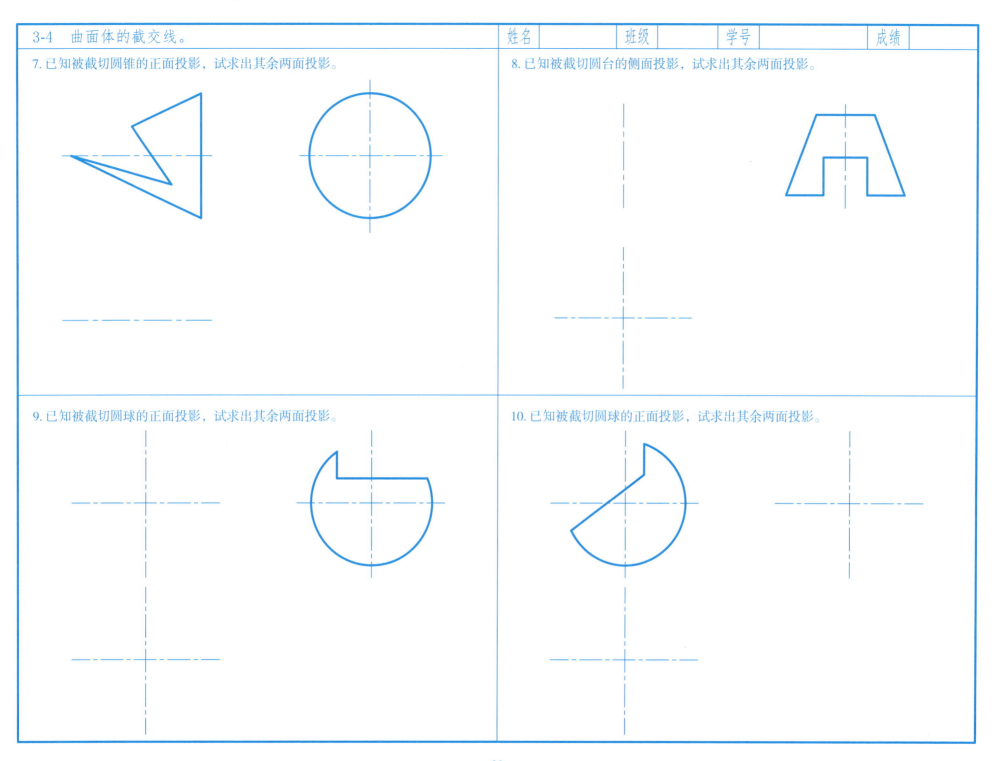

| 3-4 曲面体的截交线。 | 姓名 | 班级 | 学号 | 成绩 |

11. 已知被挖方孔圆球的正面投影，试求出其余两面投影。

12. 已知被截切物体的水平投影和侧面投影，试求出其正面投影。

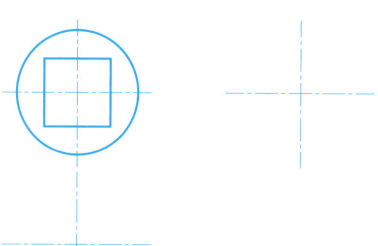
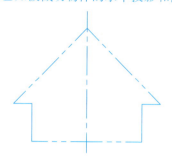

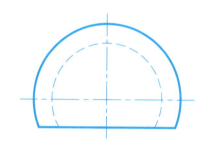

13. 已知被截切物体的正面投影，试求出其余两面投影。

14. 已知被截切物体的正面投影和侧面投影，试求出其水平投影。

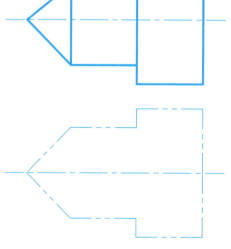

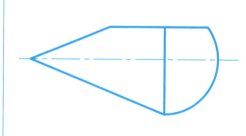
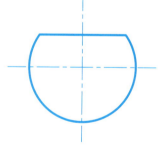

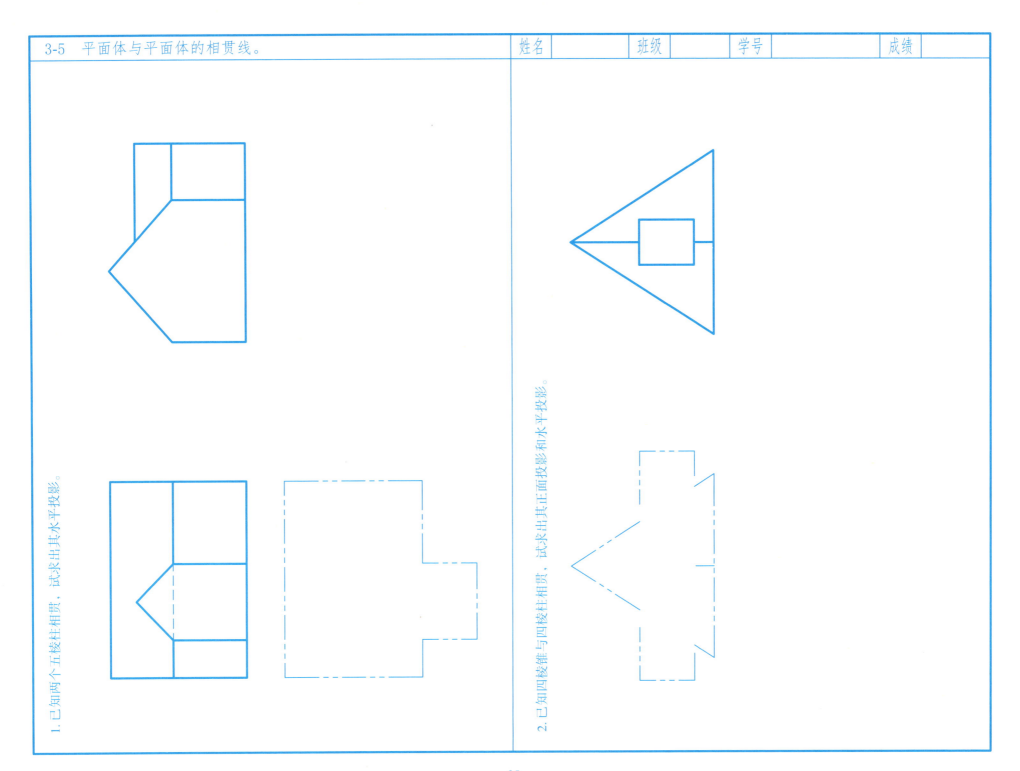

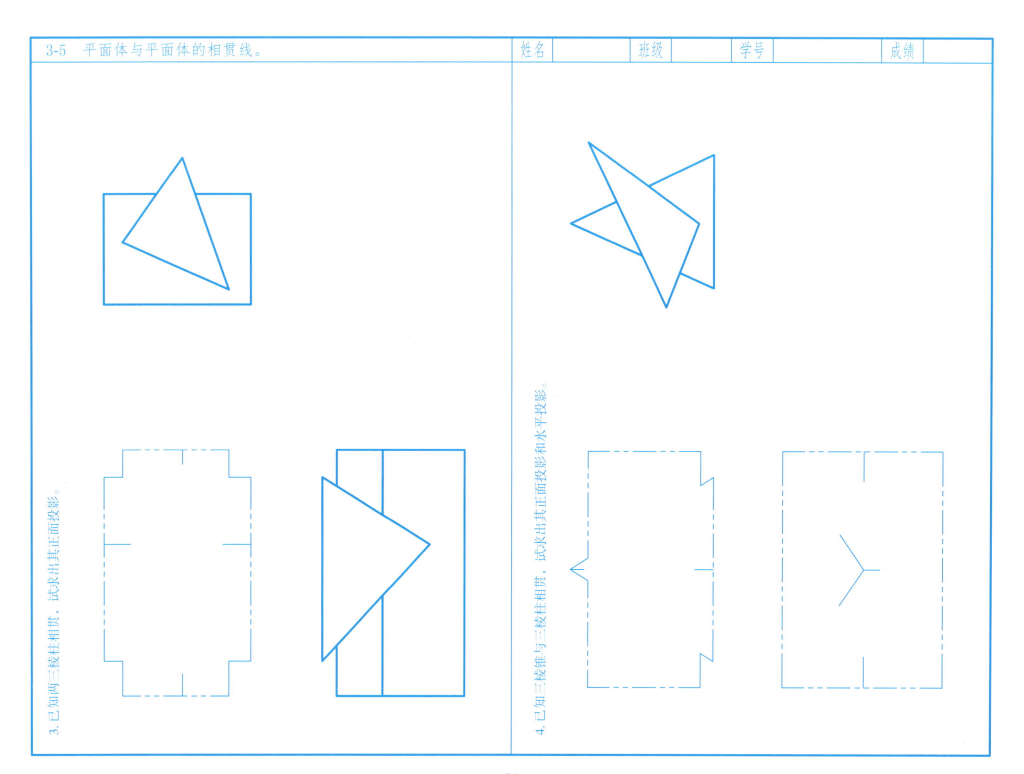

3-5 平面体与平面体的相贯线。

5. 已知同坡屋面檐口线的水平投影，屋面坡度为 45°，完成其水平投影，并求另外两面投影。

6. 已知同坡屋面檐口线的水平投影，屋面坡度为 30°，完成其水平投影，并求另外两面投影。

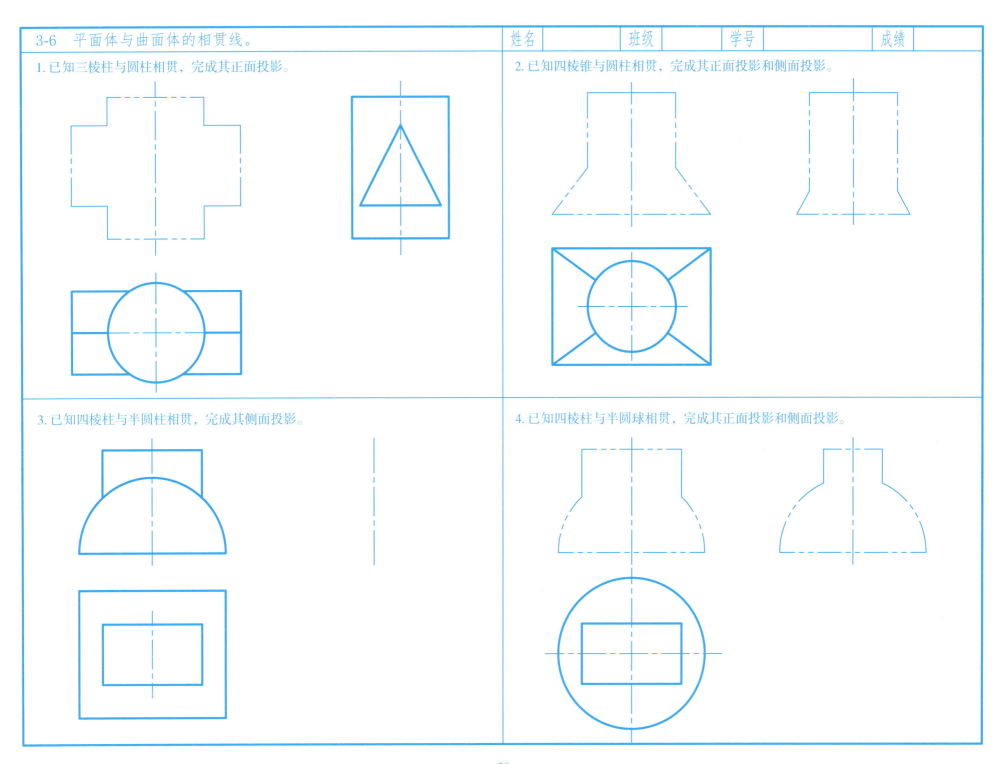

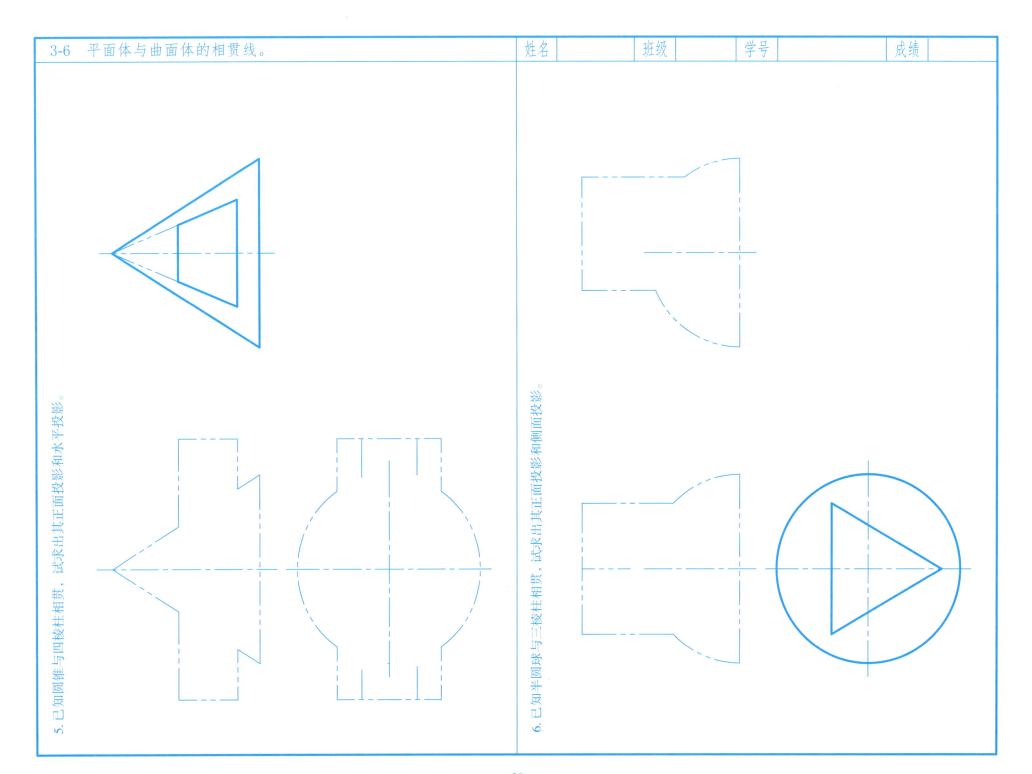

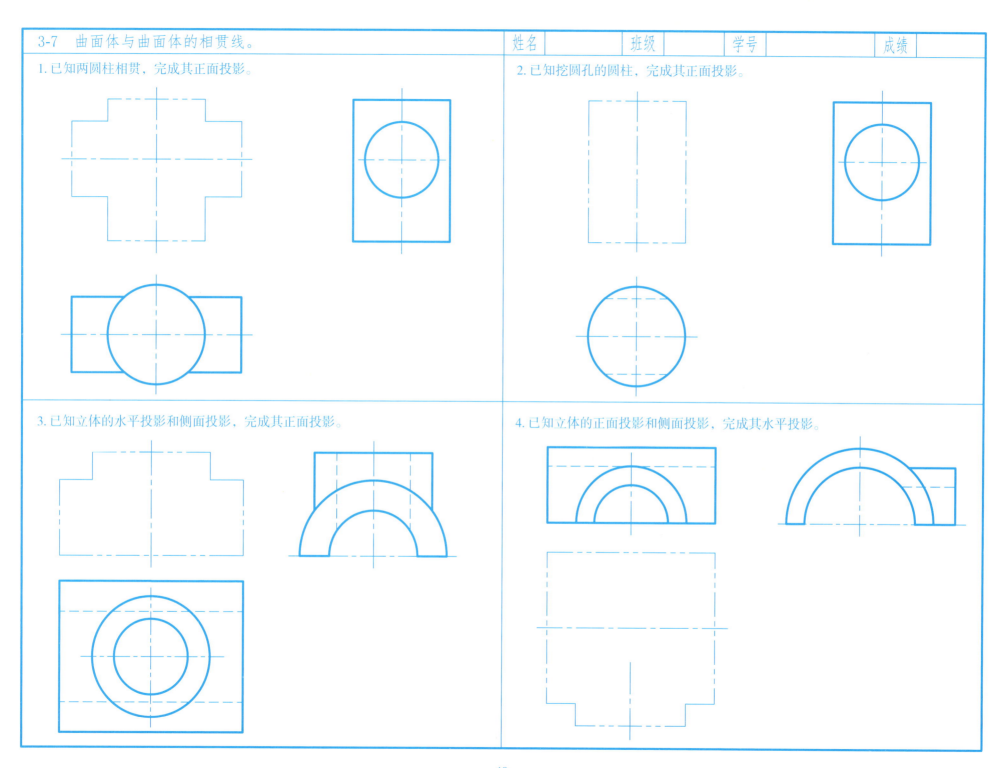

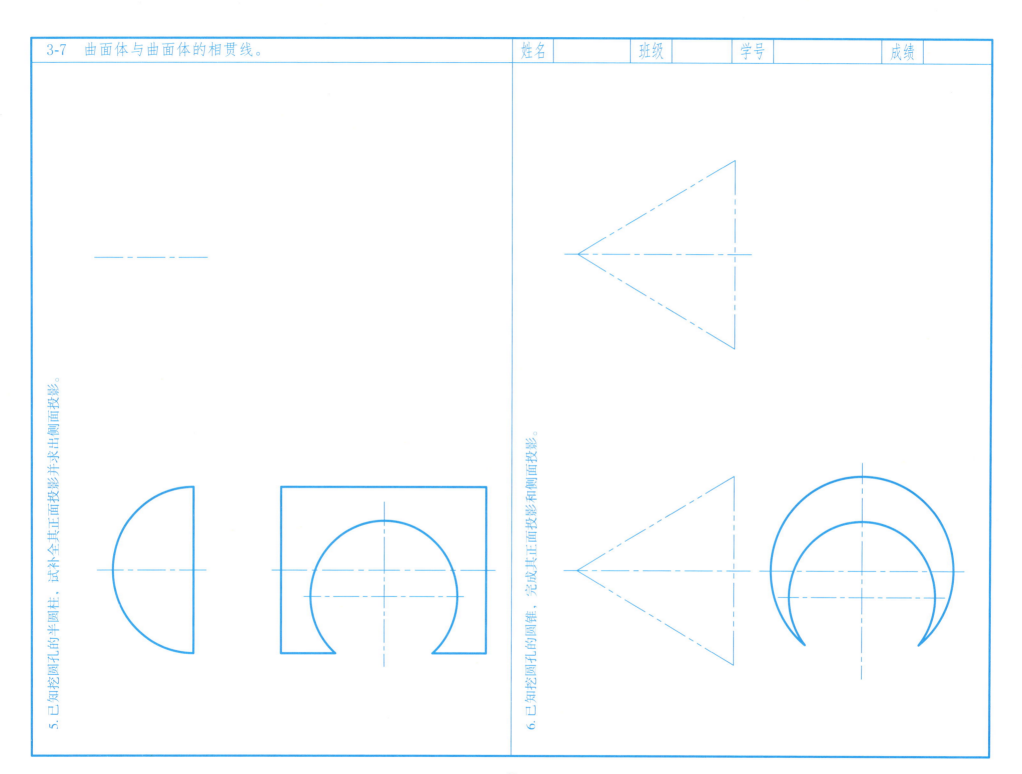

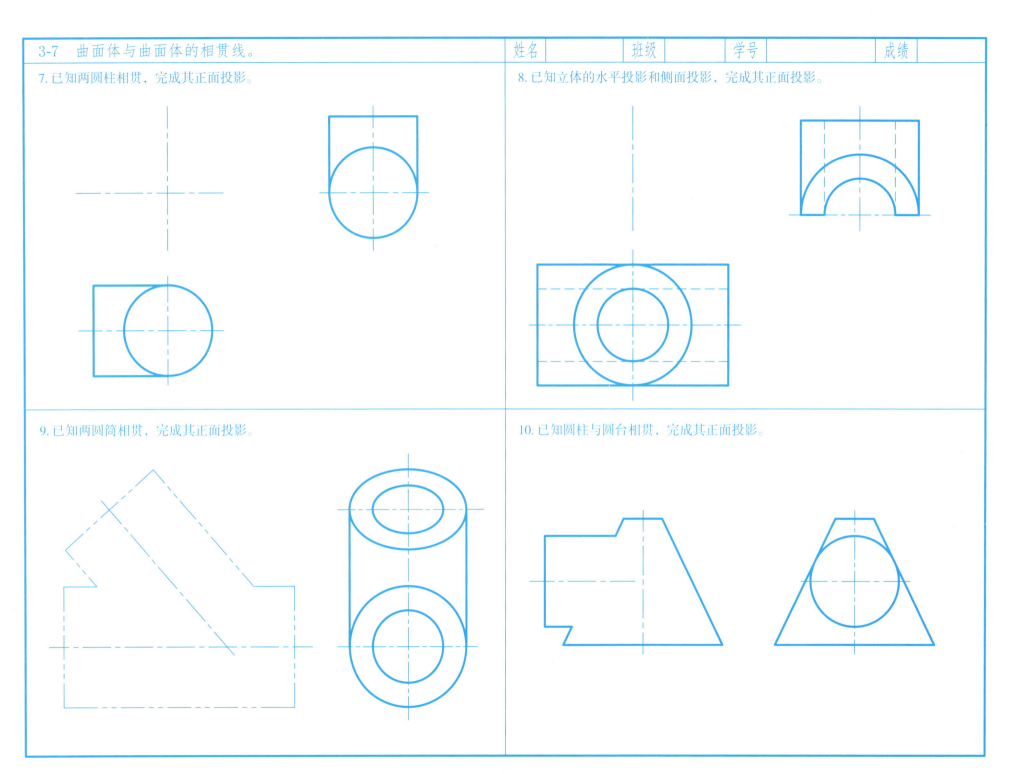

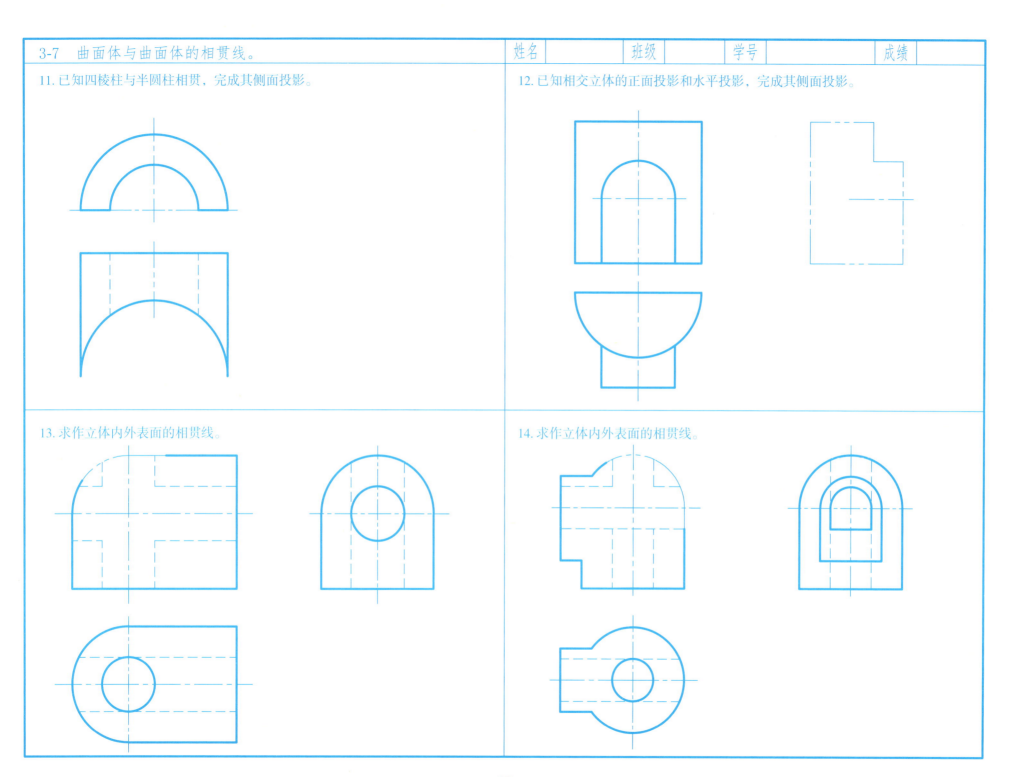

第4章 轴测投影

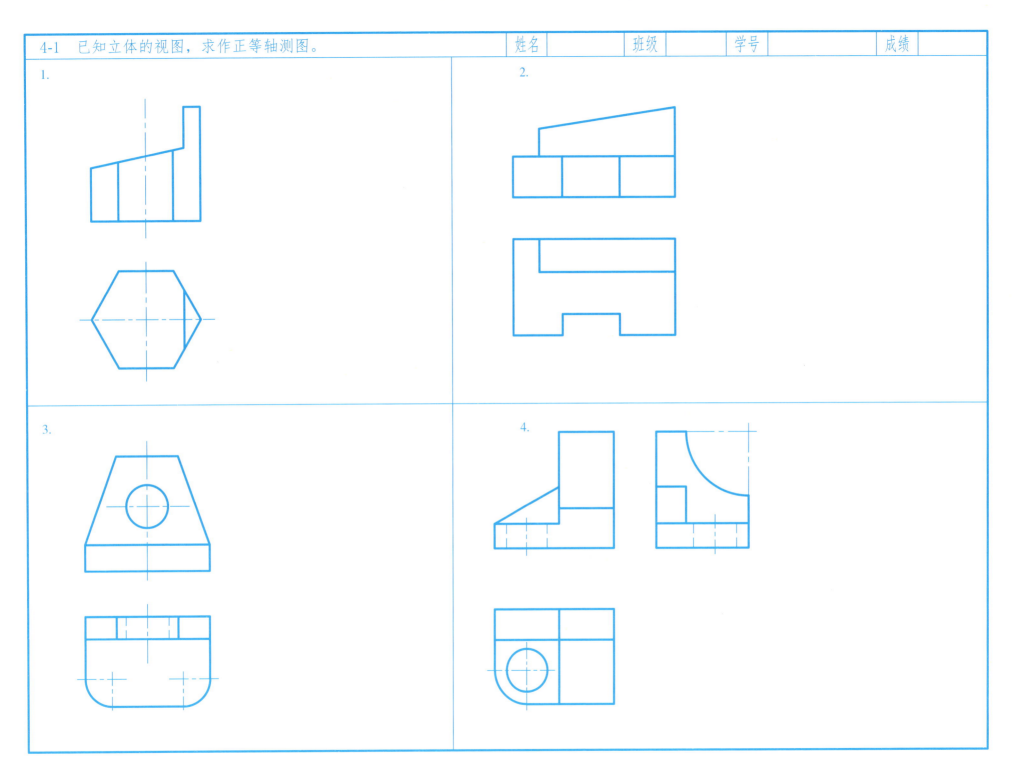

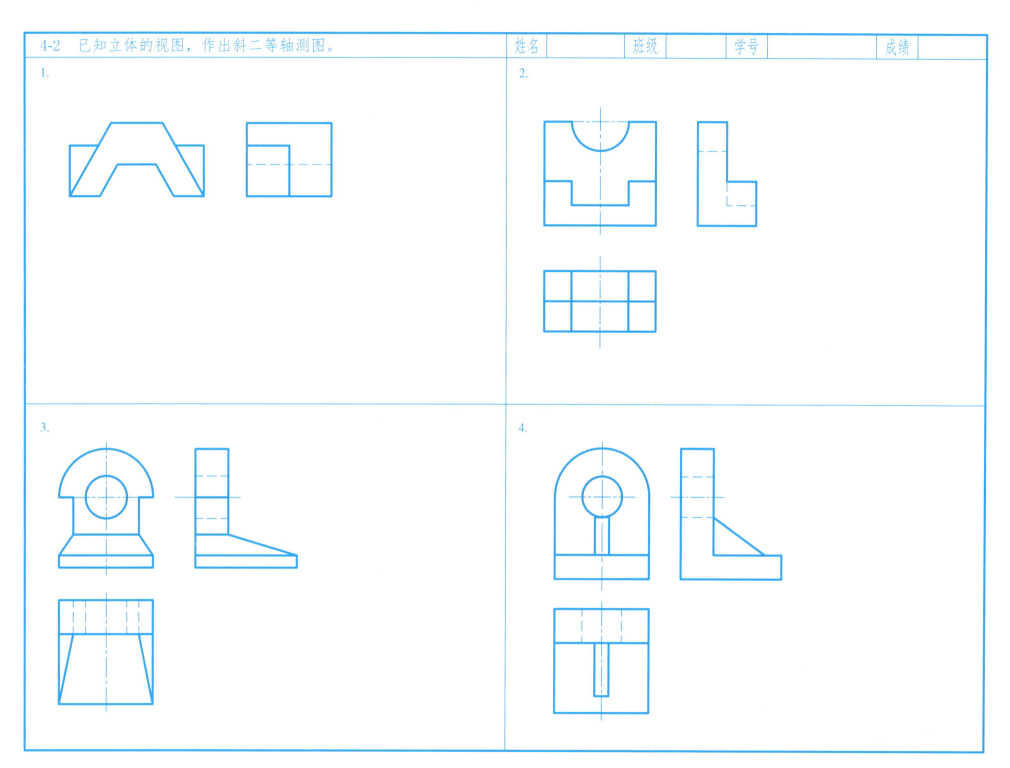

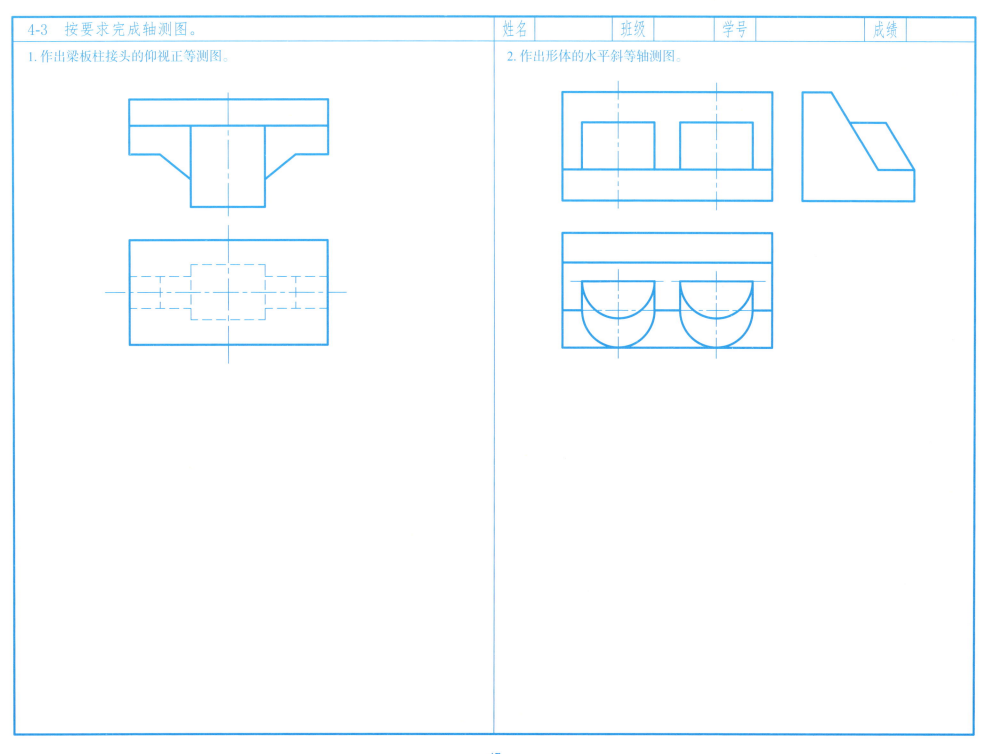

第 5 章　组合体

5-1 根据组合体的正等轴测图,绘制三视图(数值按1:1的比例在图中量取)。 姓名　　　班级　　　学号　　　成绩

1.

2.

3.

4.

5-1 根据组合体的正等轴测图,绘制三视图(数值按1:1的比例在图中量取)。 姓名　　　　班级　　　　学号　　　　成绩

5.

6.

7.

8.

5-2 标注组合体的尺寸（数值按1:1的比例在图中量取）。

1.

2.

3.

4.

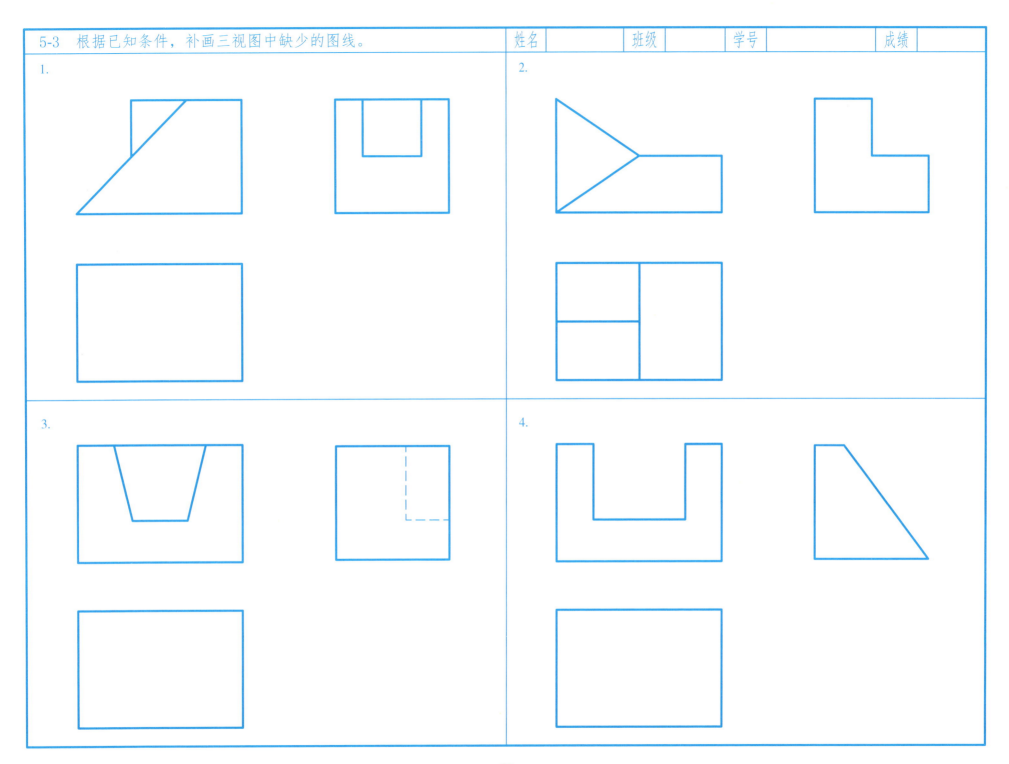

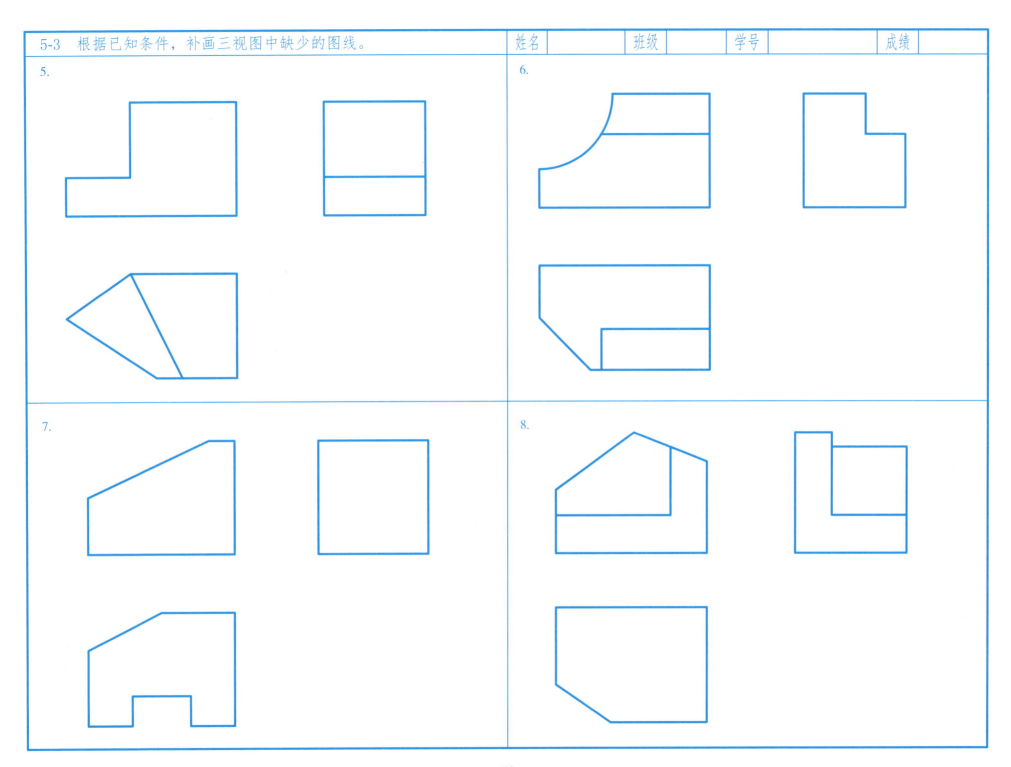

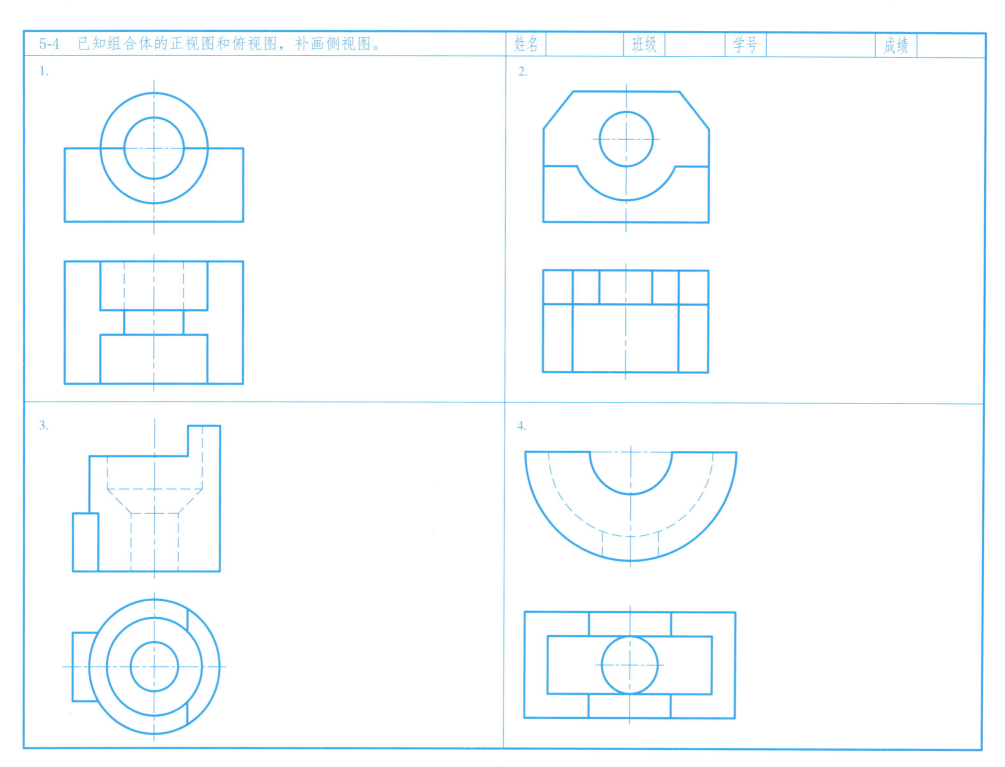

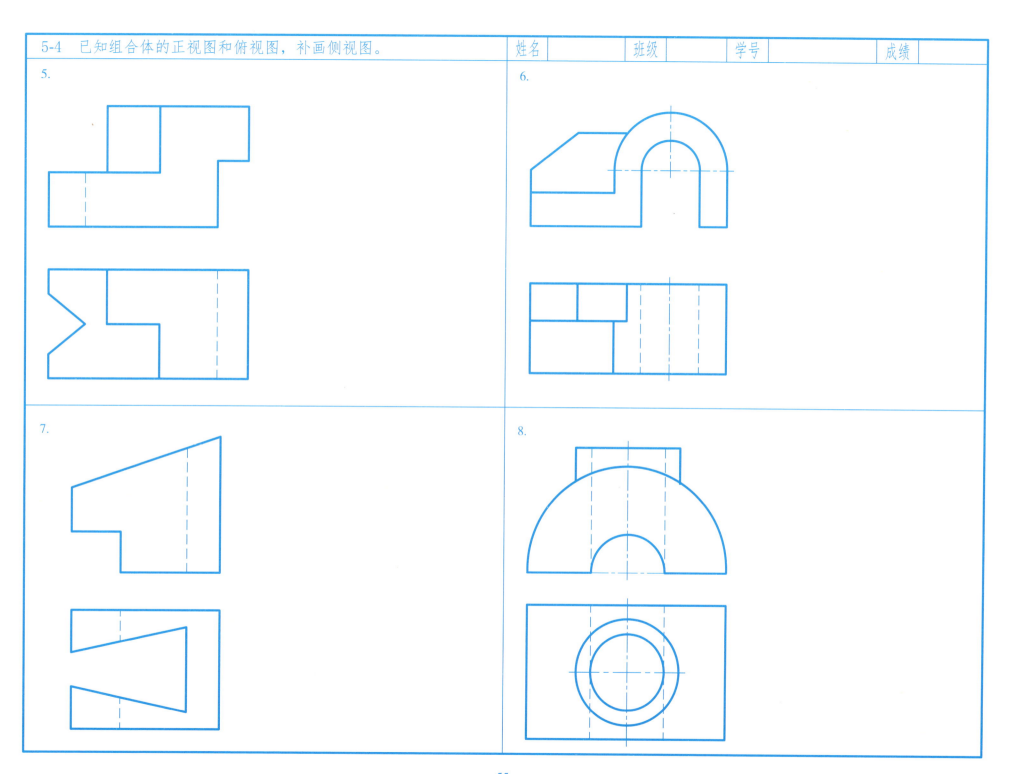

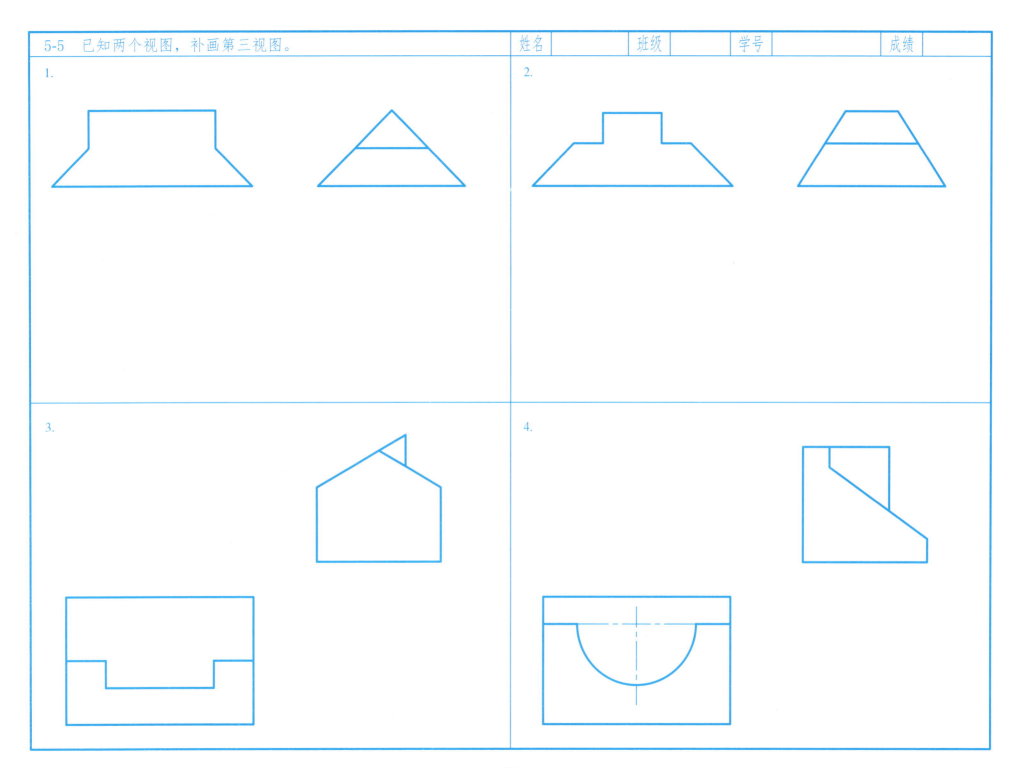

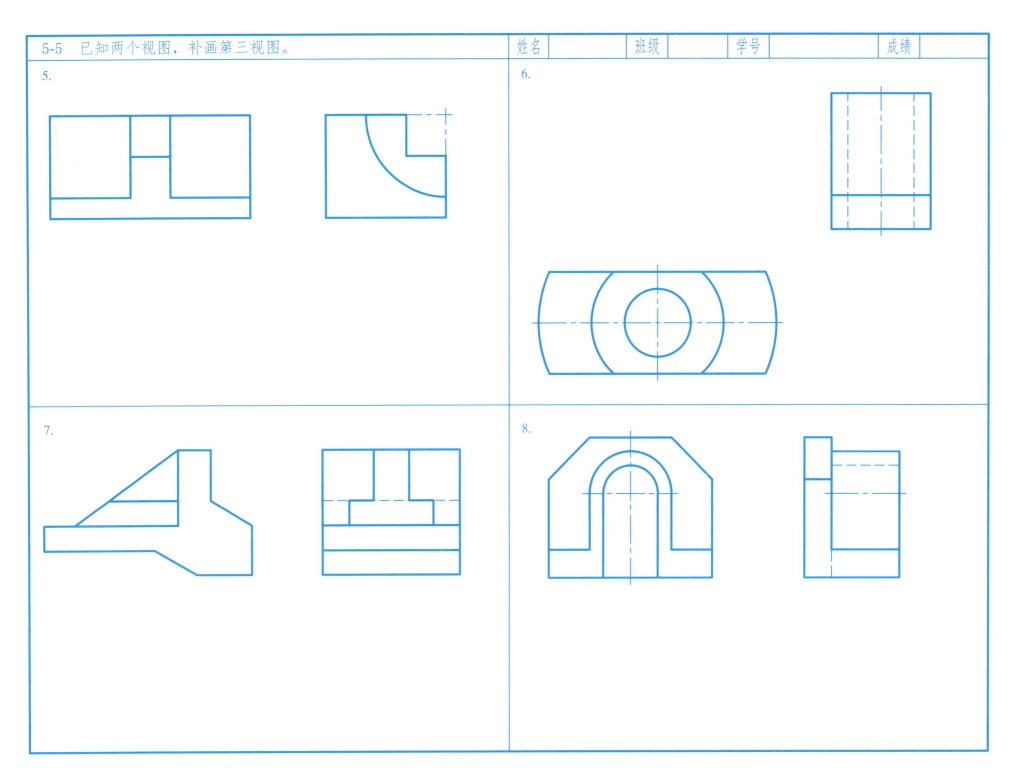

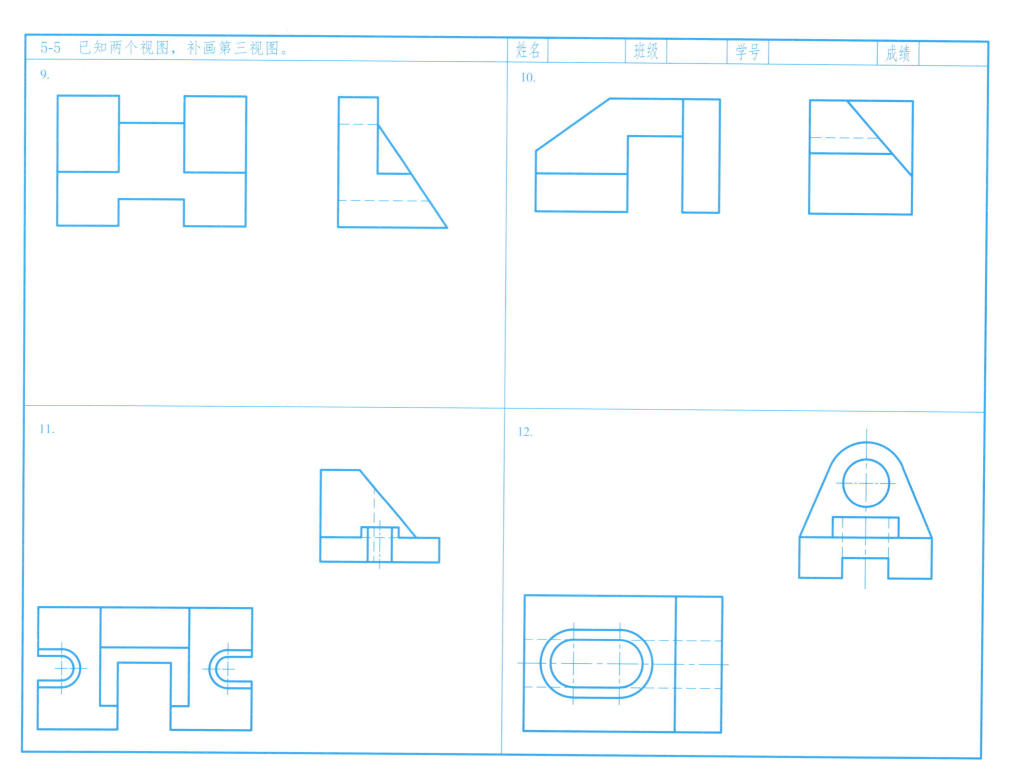

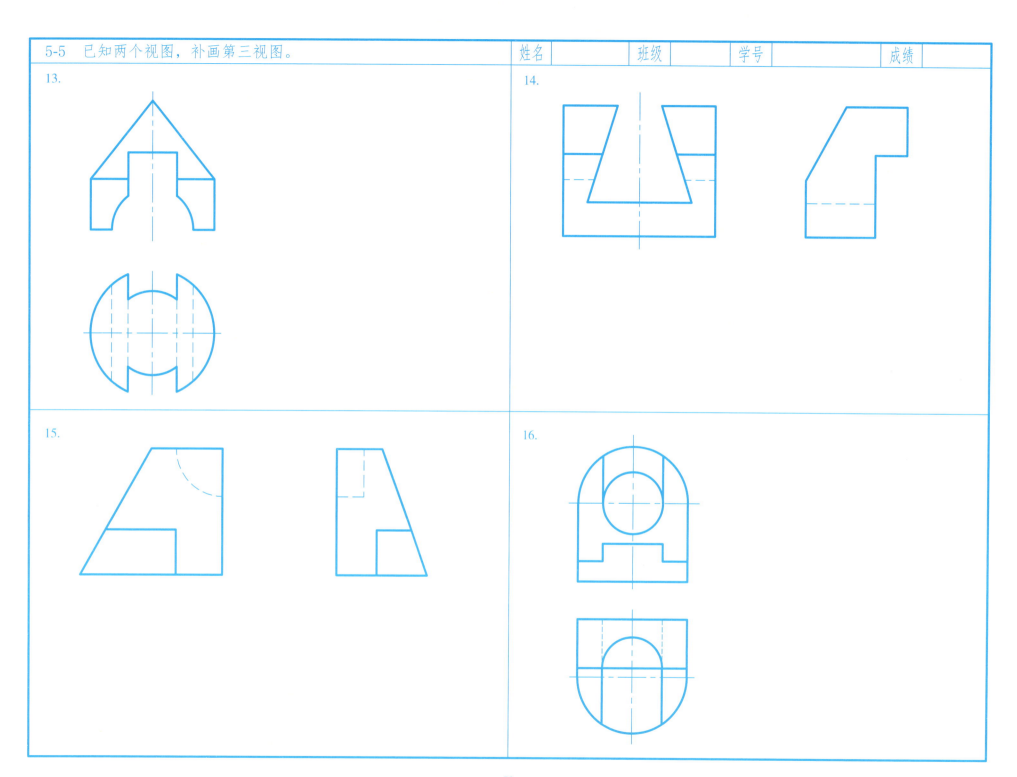

第 6 章　工程形体的图样画法

6-1　已知形体的主、俯视图，画出左视图、仰视图、右视图和后视图。

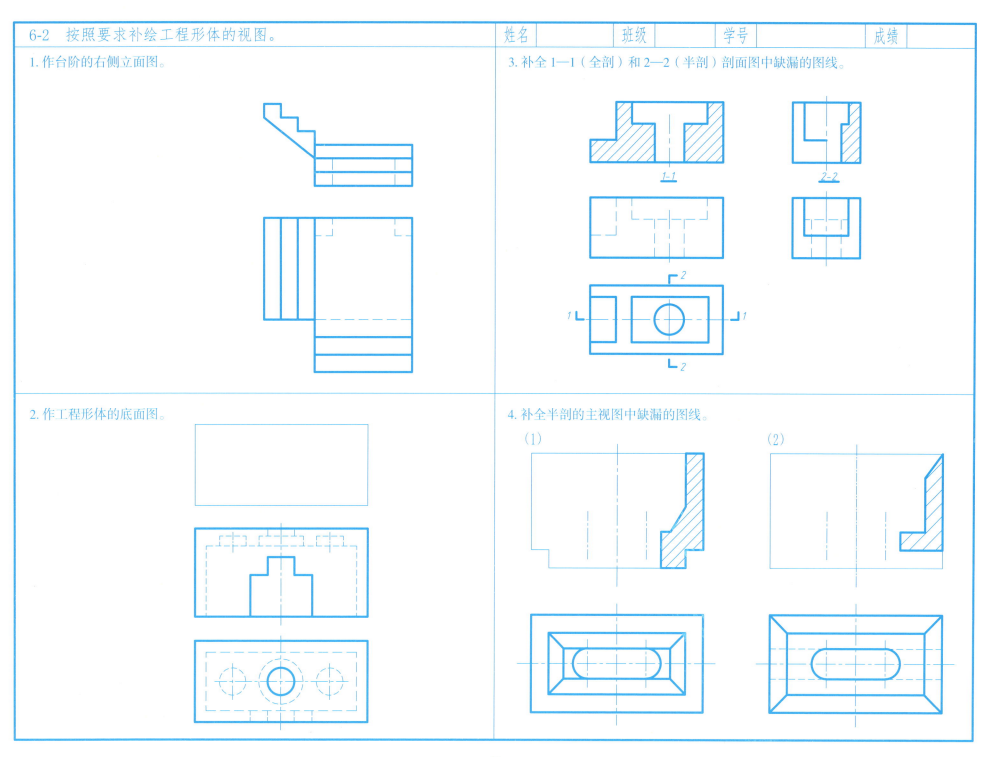

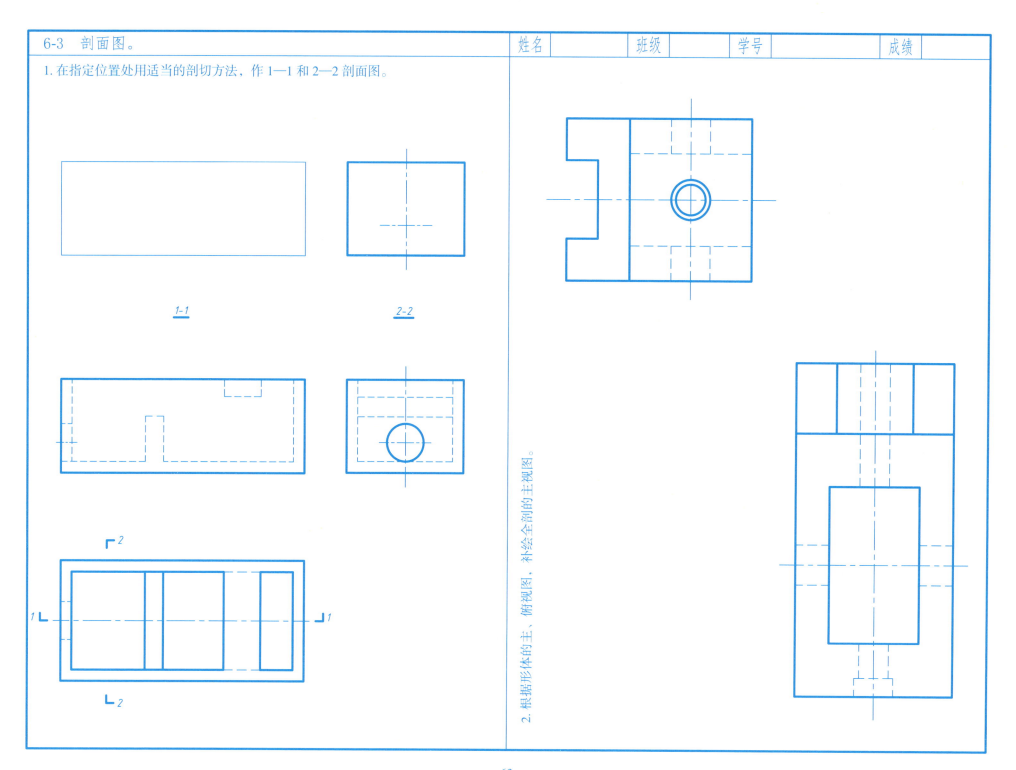

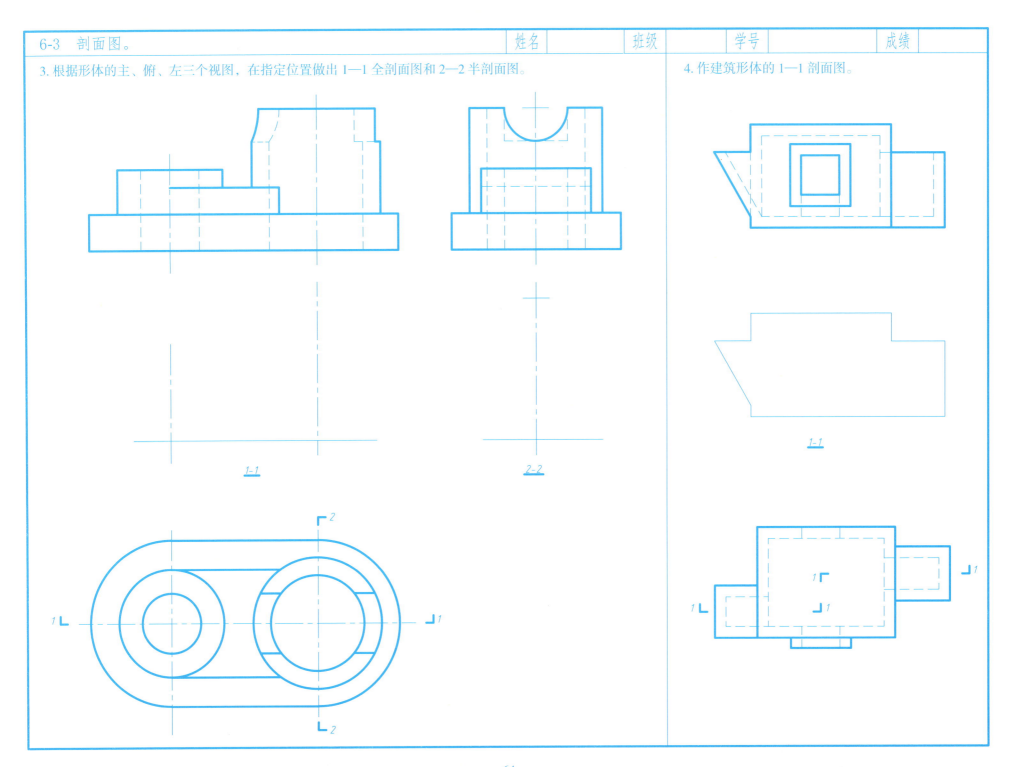

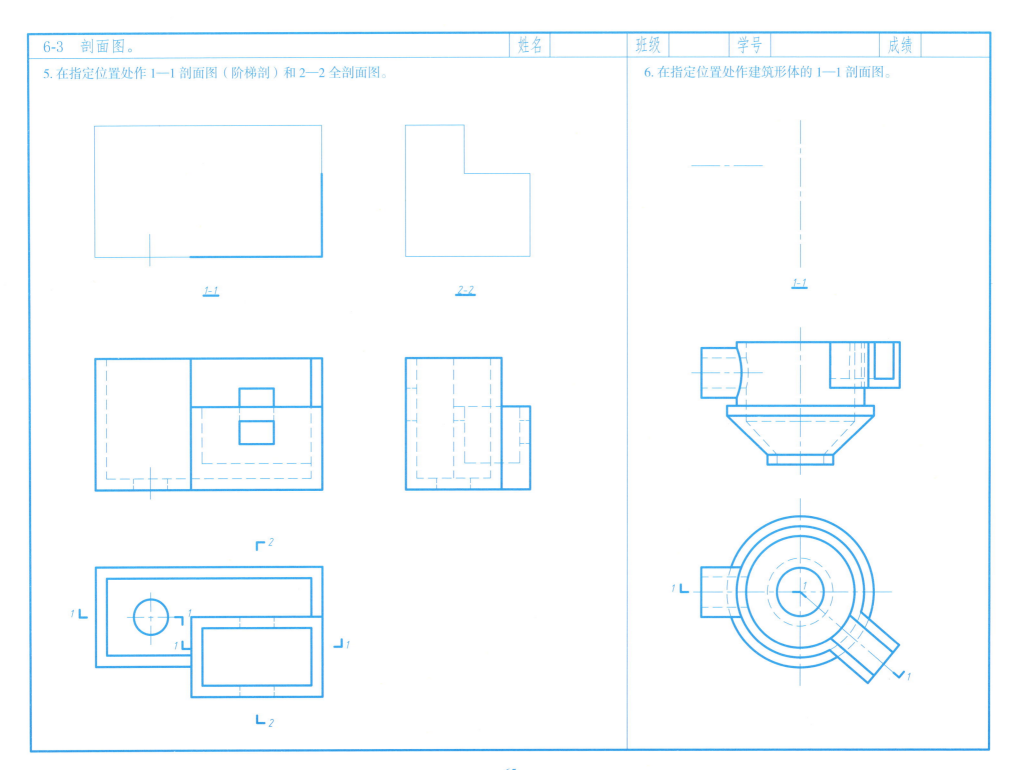

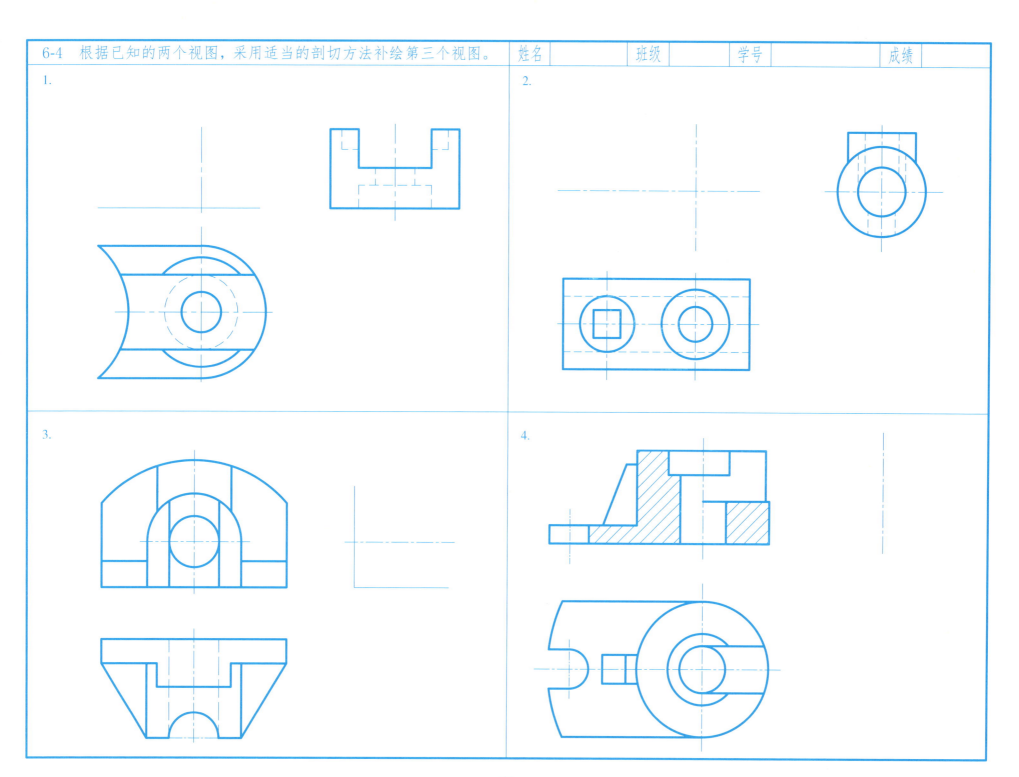

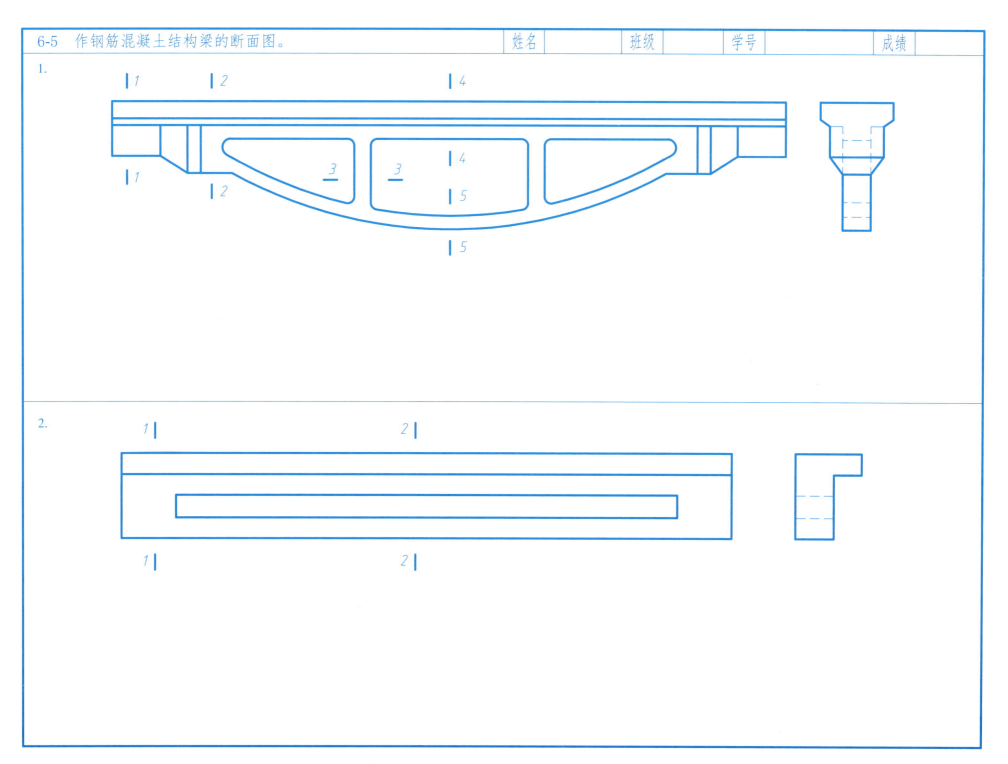

第 7 章 标高投影

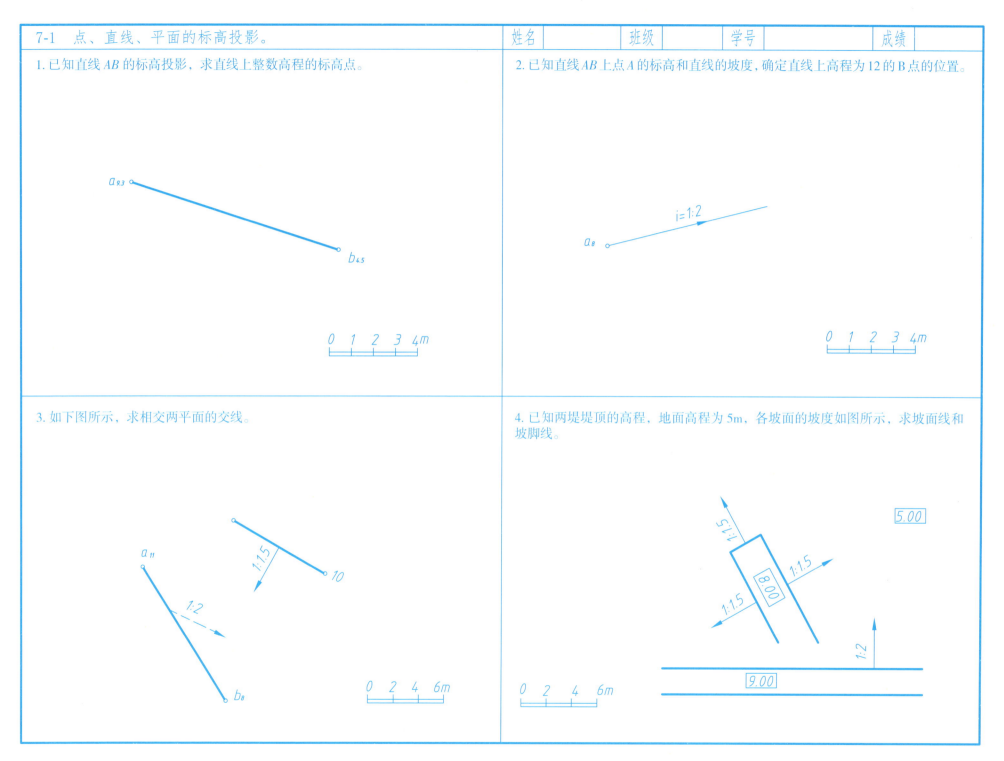

| 7-1 点、直线、平面的标高投影。 | 姓名　　班级　　学号　　成绩 |

5. 已知水平广场高程为 3m，有一坡度为 1:4 的斜道与高程为 0m 的地面相连，求作各坡面间交线及坡面与地面的交线。

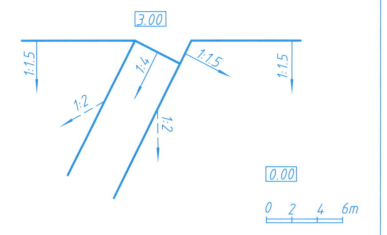

2. 在地面上修建一高程为 4m 的平台，用 1:4 的斜坡与地面相连，地面的高程为 0m，平台各边坡坡度如下图所示，求各坡面之间的交线及坡面与地面的交线。

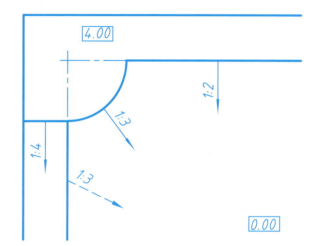

| 7-2 曲面的标高投影。 |

1. 在地面上开挖一平台，地面的高程为 0m，平台的高程为 –3m，各坡面坡度皆为 1:1，求作平台的开挖线和坡面线。

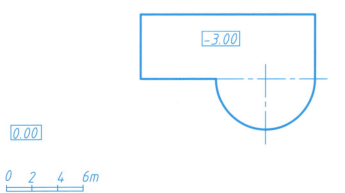

| 7-2 曲面的标高投影。 | 姓名 | 班级 | 学号 | 成绩 |

3. 已知一公路与一弯曲斜道相连，公路的高程为31m，地面的高程为35m，斜道高程如图所示，各坡面的坡度均为1:2，求作各坡面之间及坡面与地面的交线。

4. 在地面上铺设一条管道AB，其轴线位置如图所示，管道坡度为1:100，求B点的标高及管道与地面的交点，并分别用虚线和实线表示管道埋入地面和露出地面的部分。

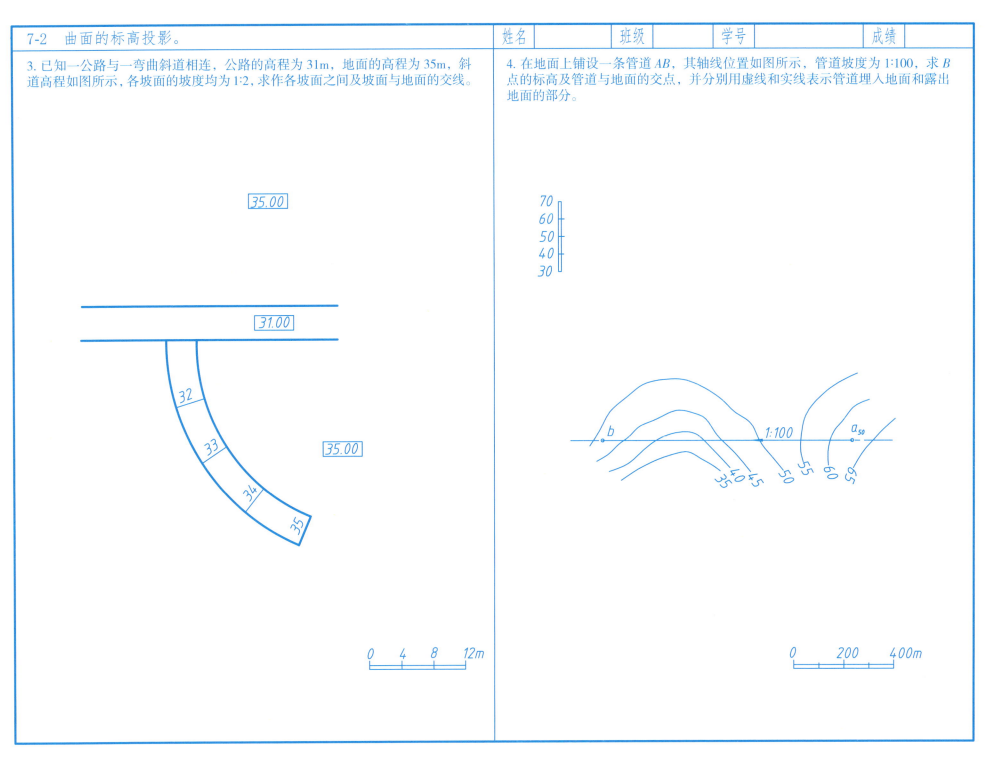

| 7-3 地形曲面的标高投影。 | 姓名 | 班级 | 学号 | 成绩 |

1. 在地面上修建一高程为 12m 的平台，平台边坡填方坡度为 1:1.5，挖方坡度为 1:1，求作平台的开挖线、坡脚线和坡面线。

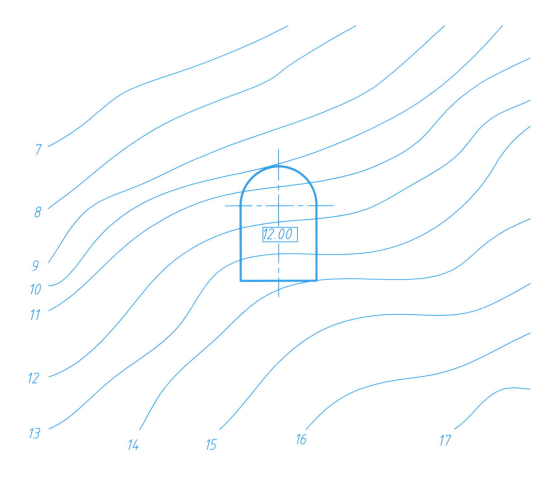

| 7-3 | 地形曲面的标高投影。 | 姓名 | 班级 | 学号 | 成绩 |

2. 如下图所示，广场的高程为61m，有一条斜引道与其相连，求广场及斜引道的坡面与地形面的交线，坡面间的交线，斜引道与地形面的交线，各坡面的挖方坡度为3:2，填方坡度为1:1。

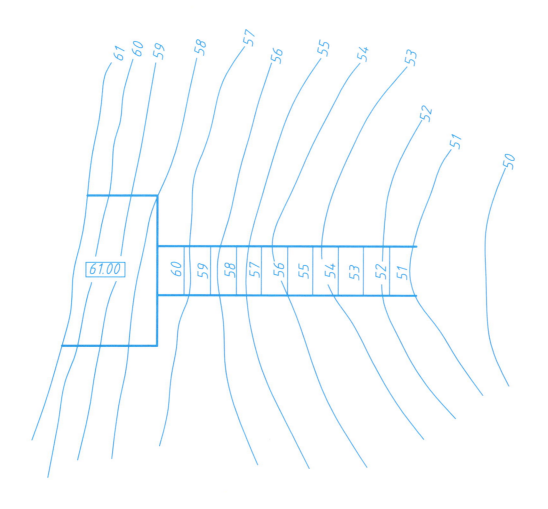

| 7-3 地形曲面的标高投影。 | 姓名 | 班级 | 学号 | 成绩 |

3. 在山坡上修筑一矩形场地,场地高程为 25m,填、挖边坡坡度均为 1:1,求作坡脚线、开挖线及坡面间的交线。

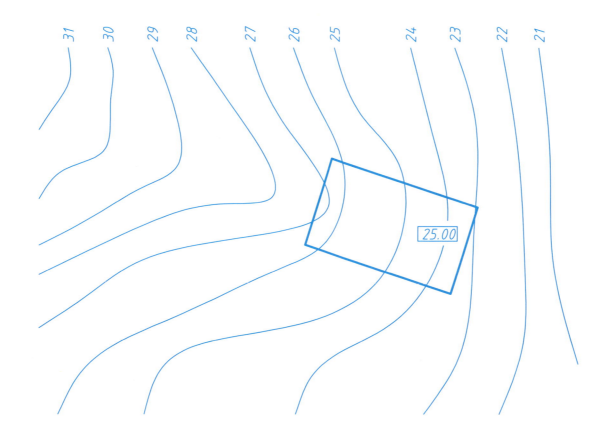

第 8 章 建筑施工图

8-1 识读建筑平面图。

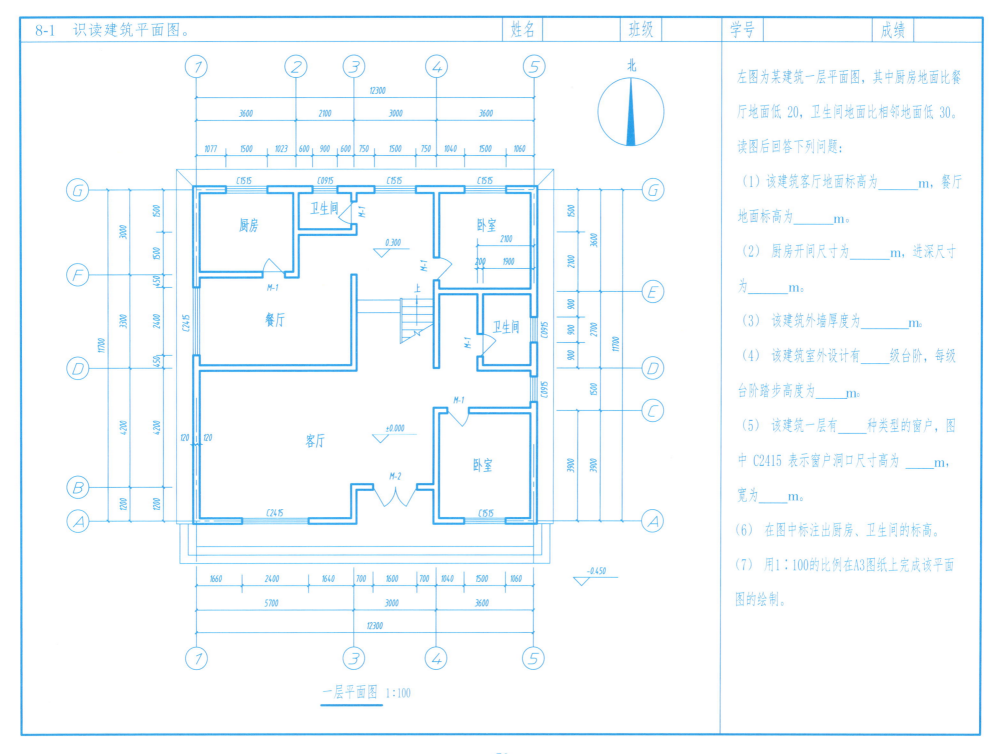

一层平面图 1:100

左图为某建筑一层平面图,其中厨房地面比餐厅地面低20,卫生间地面比相邻地面低30。读图后回答下列问题:

(1) 该建筑客厅地面标高为_____m,餐厅地面标高为_____m。

(2) 厨房开间尺寸为_____m,进深尺寸为_____m。

(3) 该建筑外墙厚度为_____m。

(4) 该建筑室外设计有____级台阶,每级台阶踏步高度为____m。

(5) 该建筑一层有____种类型的窗户,图中C2415表示窗户洞口尺寸高为____m,宽为____m。

(6) 在图中标注出厨房、卫生间的标高。

(7) 用1:100的比例在A3图纸上完成该平面图的绘制。

8-1 识读建筑平面图。

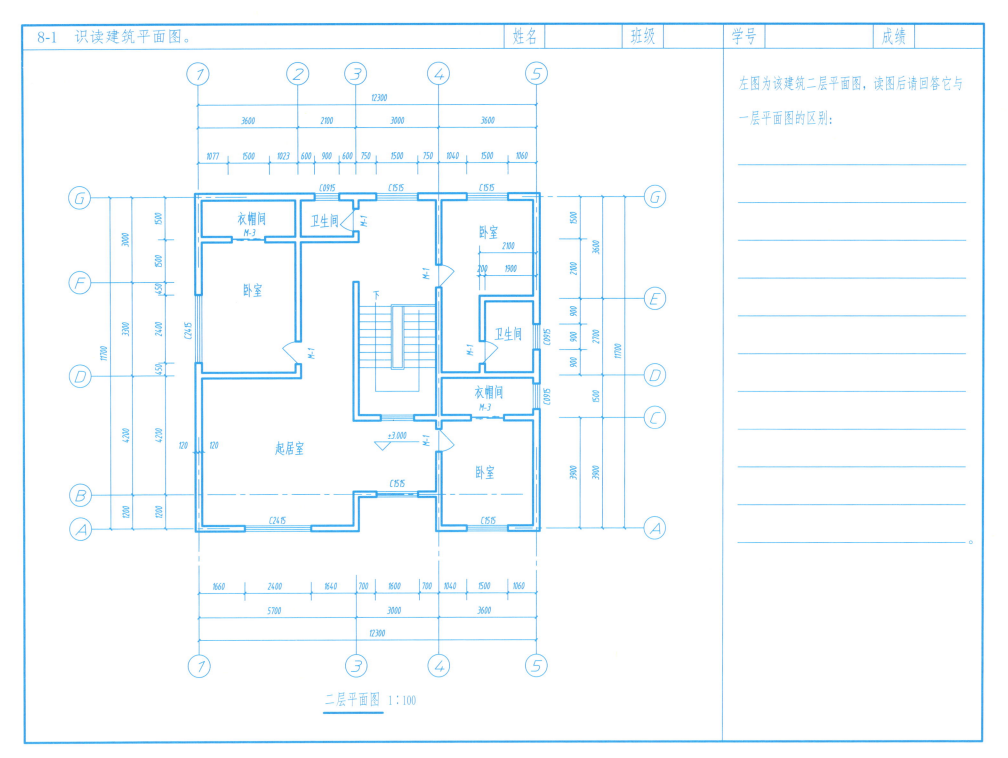

二层平面图 1:100

左图为该建筑二层平面图,读图后请回答它与一层平面图的区别:

— 77 —

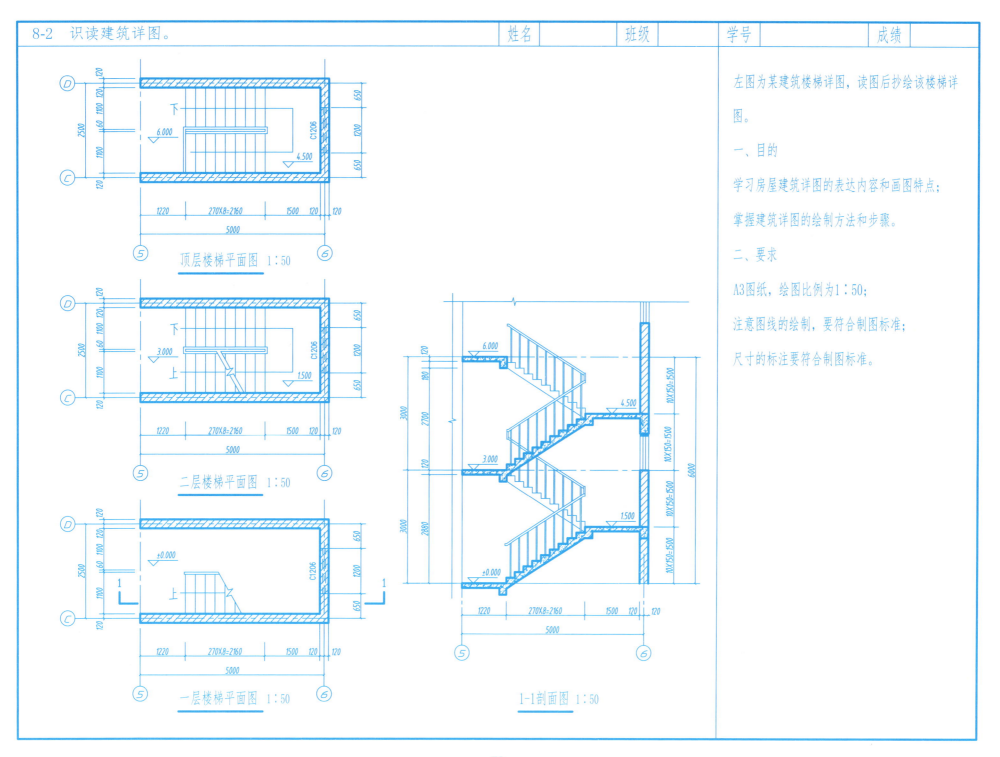

8-2 识读建筑详图。

左图为某建筑楼梯详图，读图后抄绘该楼梯详图。

一、目的

学习房屋建筑详图的表达内容和画图特点；

掌握建筑详图的绘制方法和步骤。

二、要求

A3图纸，绘图比例为1∶50；

注意图线的绘制，要符合制图标准；

尺寸的标注要符合制图标准。

第 9 章 建筑结构图

9-1 补绘梁的3—3断面配筋图，按钢筋图标准绘制。

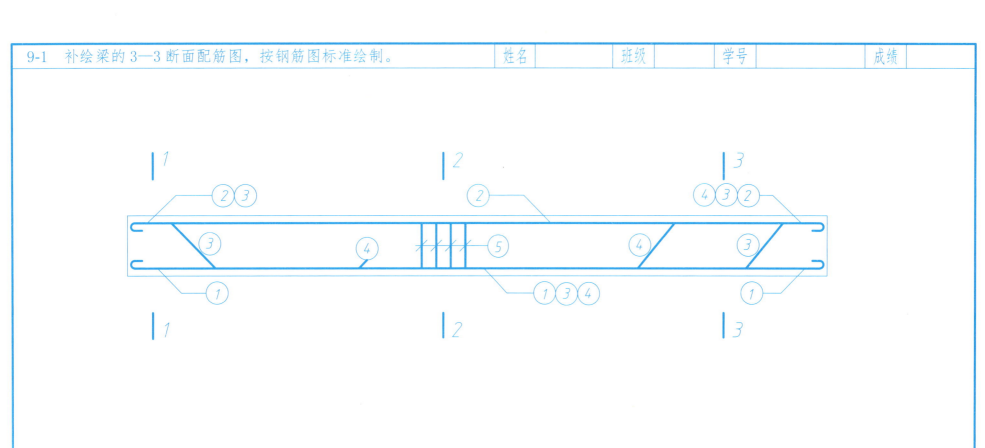

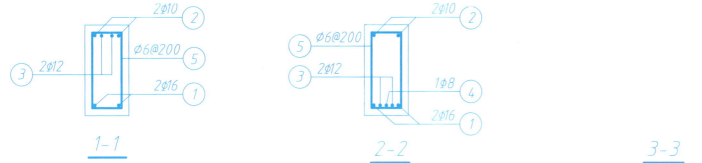

1-1　　　　　　　2-2　　　　　　　3-3

9-2 用A3图纸，选择合适比例，抄绘钢筋混凝土梁的配筋图。

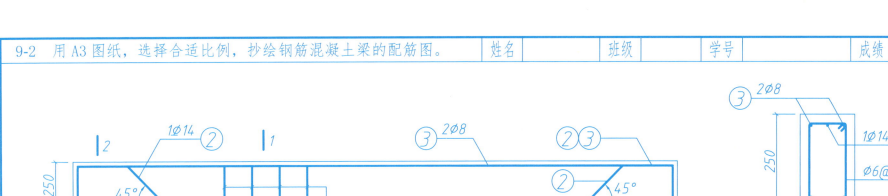

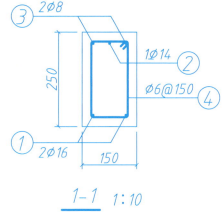

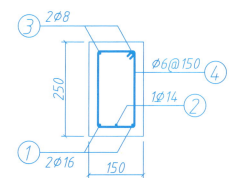

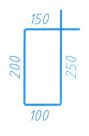

钢筋表

构件名称	编号	钢筋规格	钢筋简图	单根长度	根数	总长(m)	重量(kg)	备注
L(150×250)	①	Φ16	100 ⌐——3200——⌐ 100	3400	2	6.80	10.74	
	②	Φ14	275 / 200_200 / 2300 \ 200_200 \ 275	3810	1	3.81	4.61	
	③	Φ8	3250	3250	2	6.50	2.57	
	④	Φ6	250/150□100/200	700	22	15.4	3.42	

第 10 章　建筑设备图

10-1 用 A3 图纸抄绘给排水平面图、系统图（一）。

底层给排水平面图 1:50

给水系统图 1:50

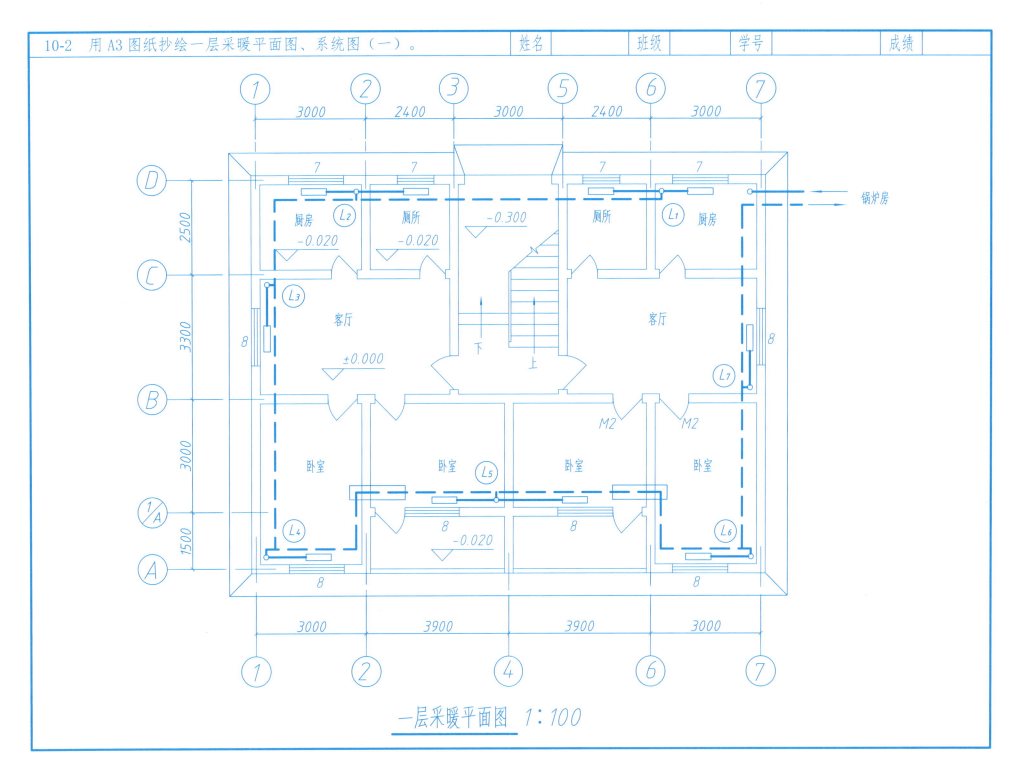

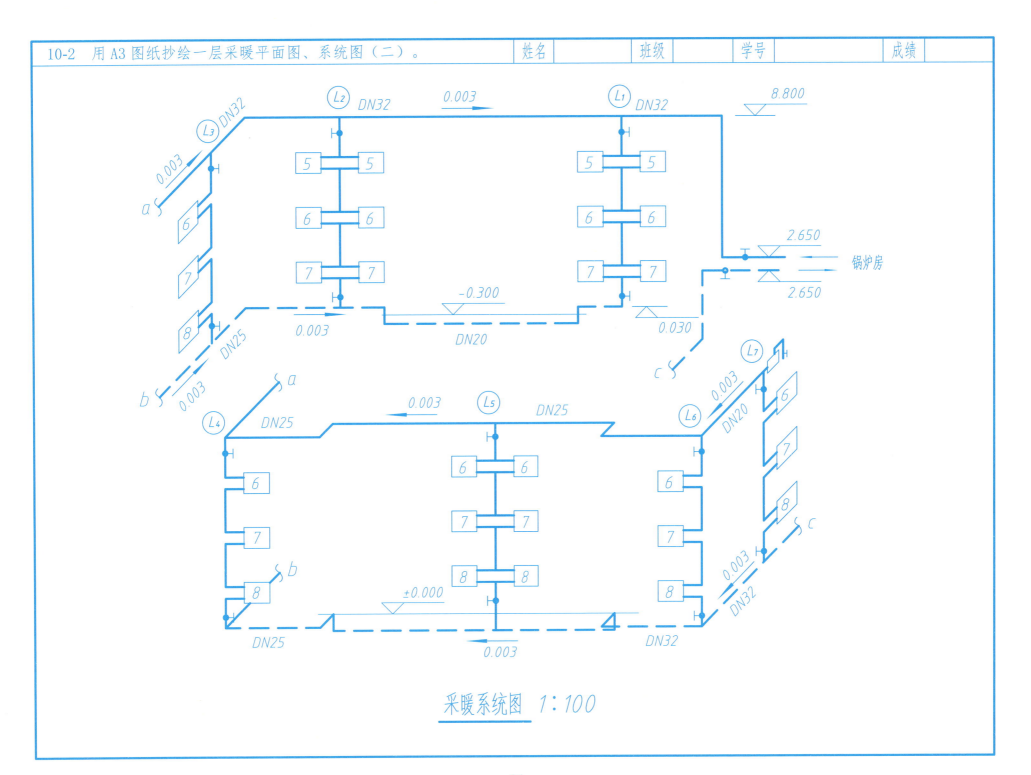

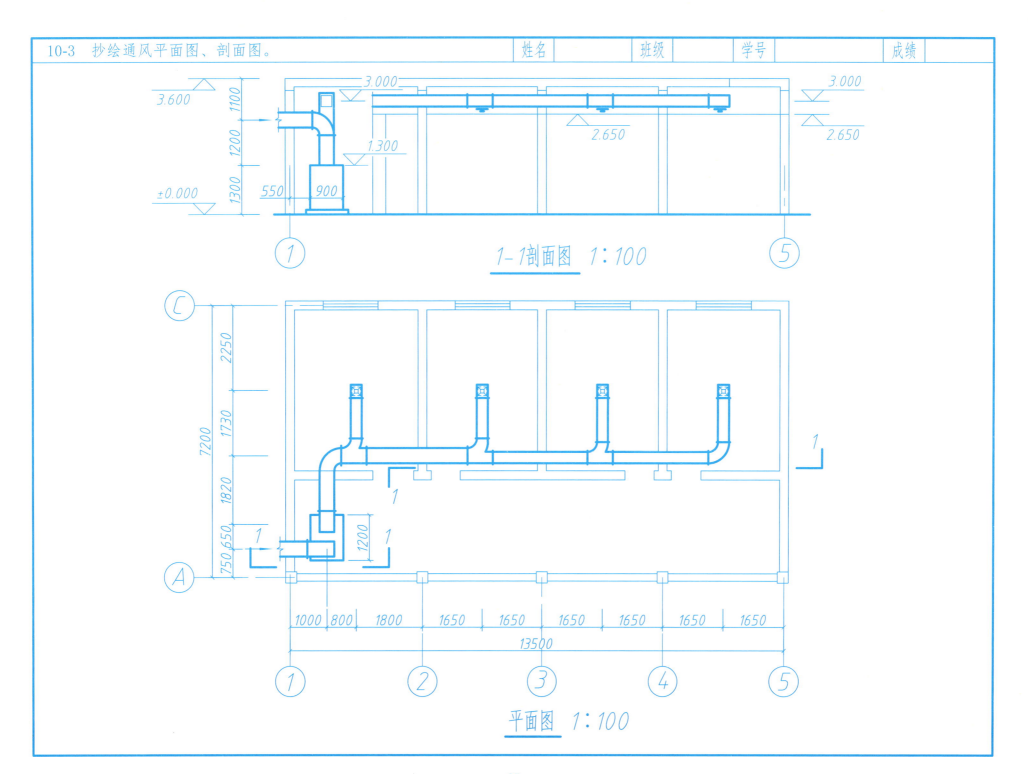

第 11 章 建筑阴影

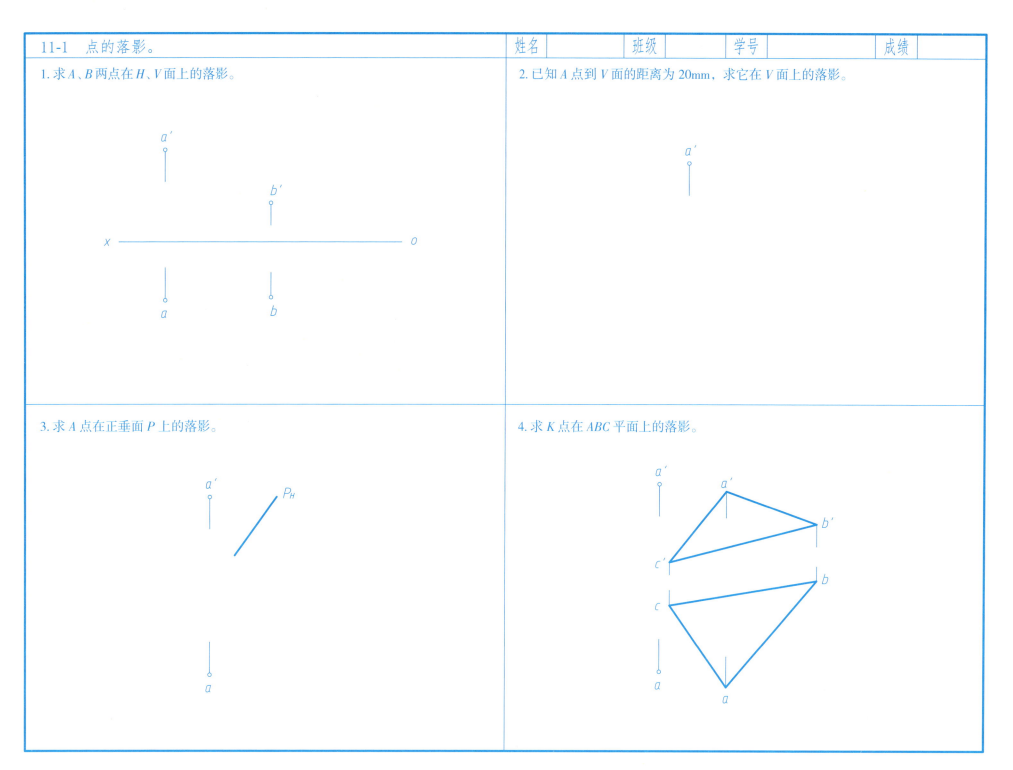

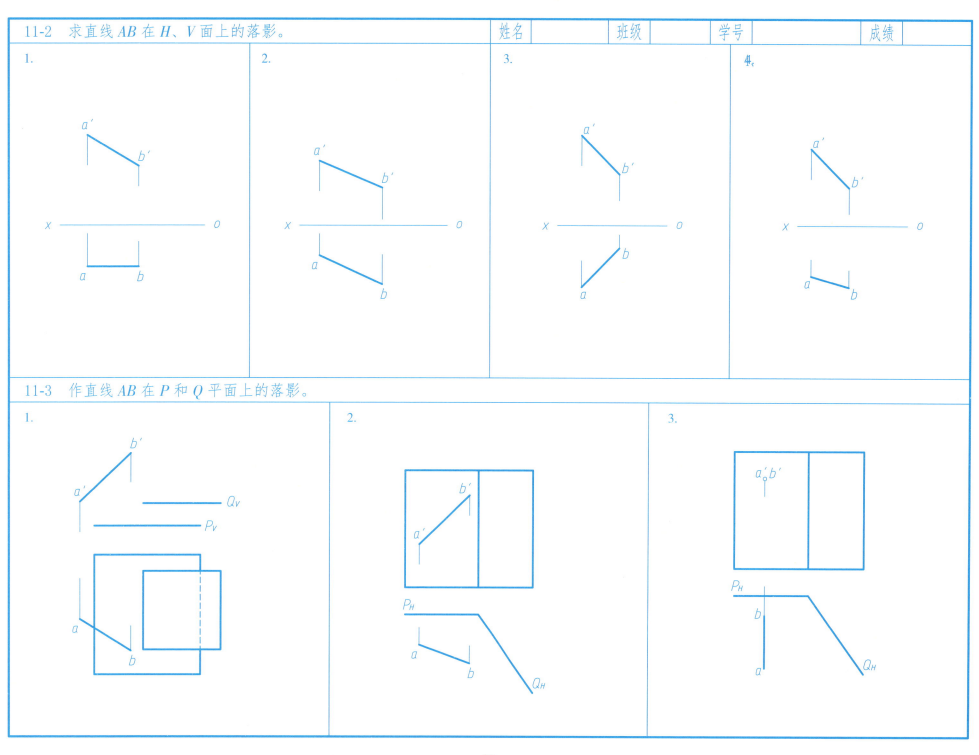

| 11-4 直线、平面的落影。 | | 姓名　　　　班级　　　　学号　　　　成绩 |

1. 求直线 AB 在墙面上的落影。

2. 求平面图形在 V、H 面上的落影。

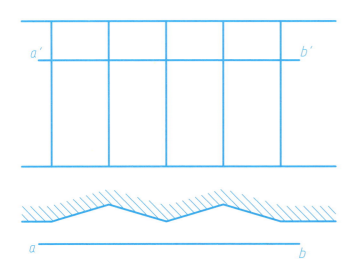
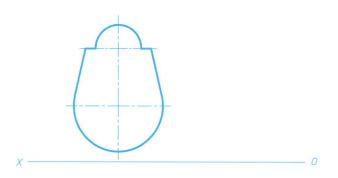

| 11-5 平面图形的阴影。 |

1. 求一梯形平面的阴影，落影在正面墙上。

2. 求作平面 ABC 的阴影。

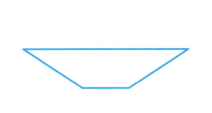
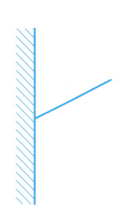
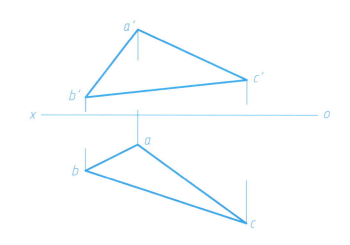

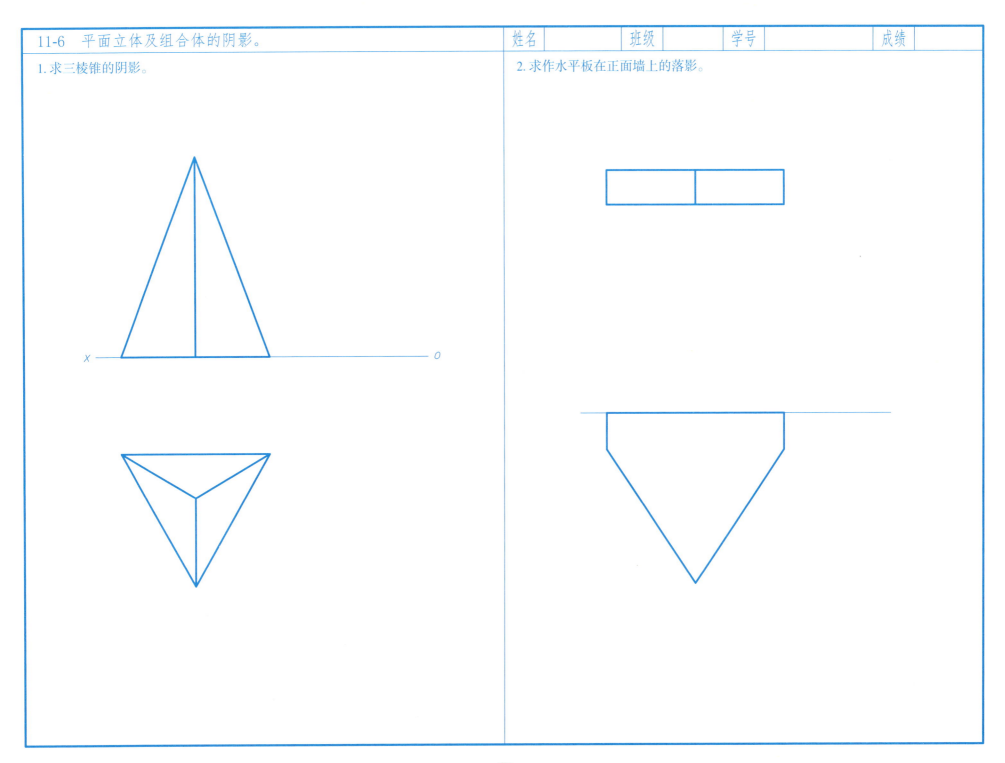

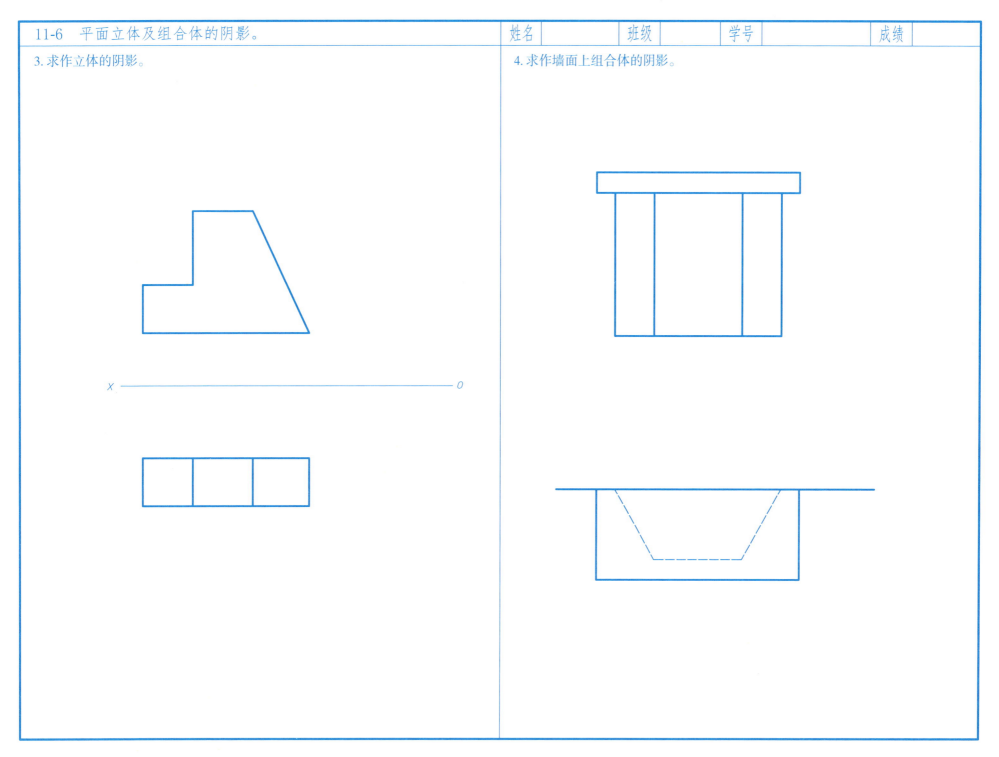

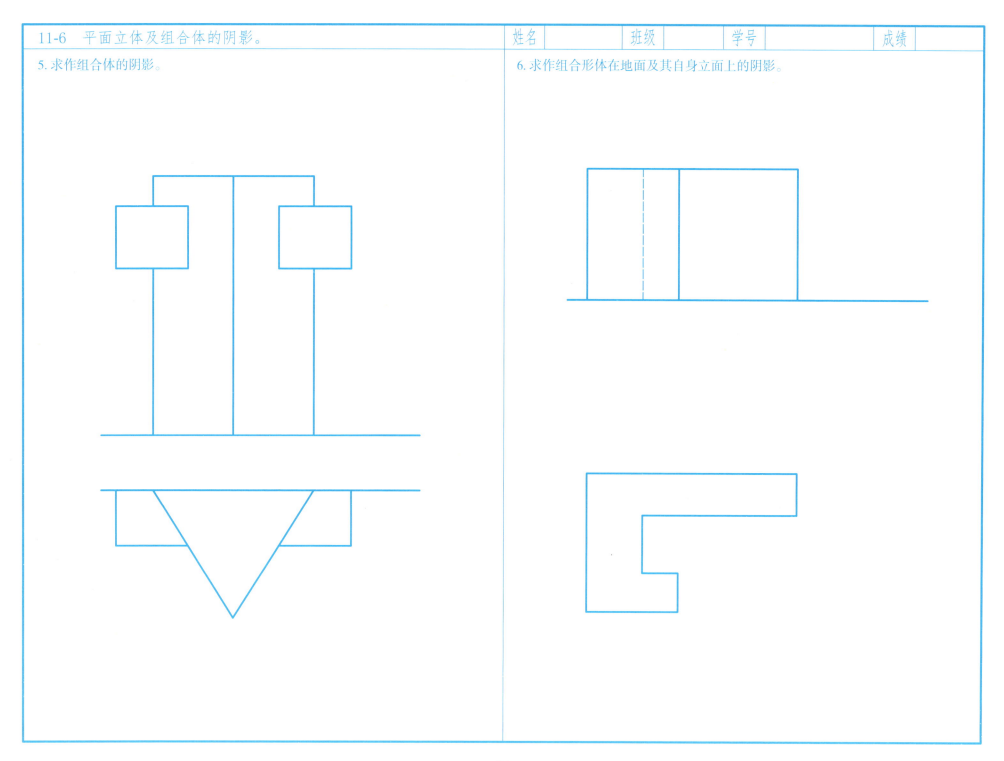

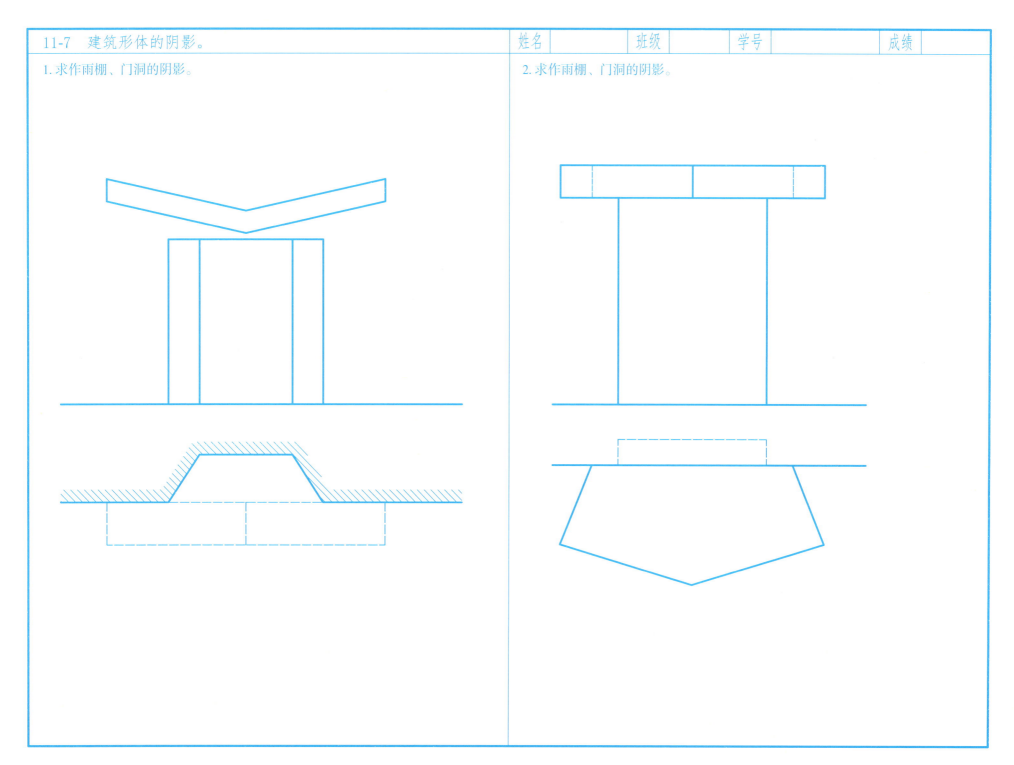

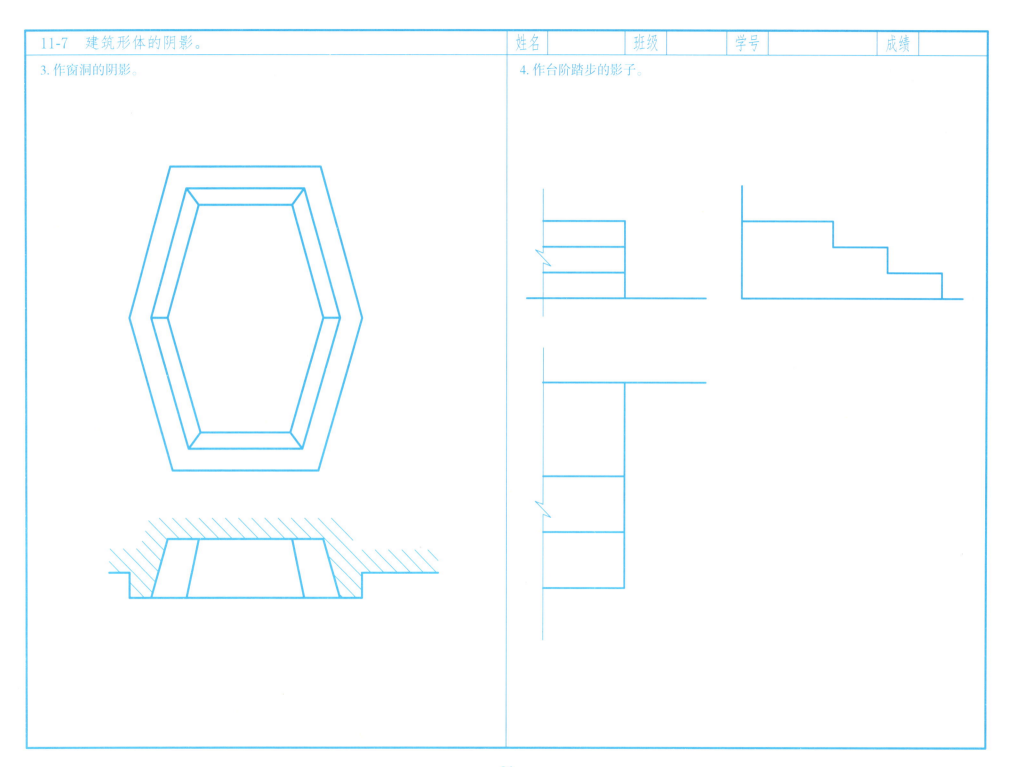

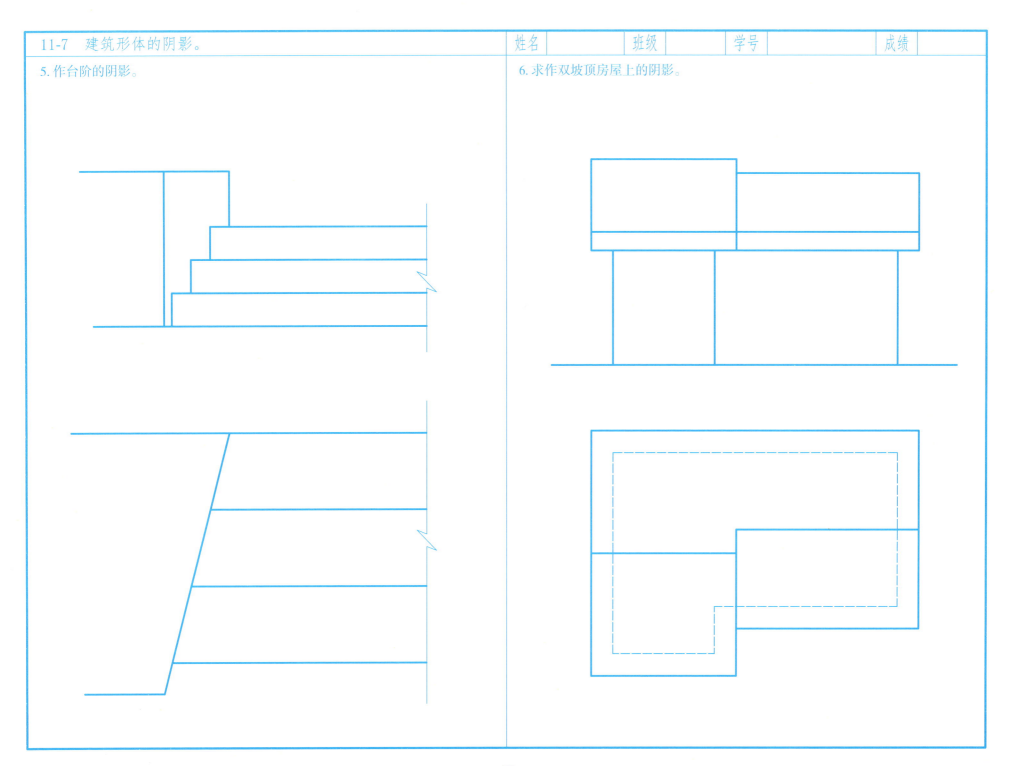

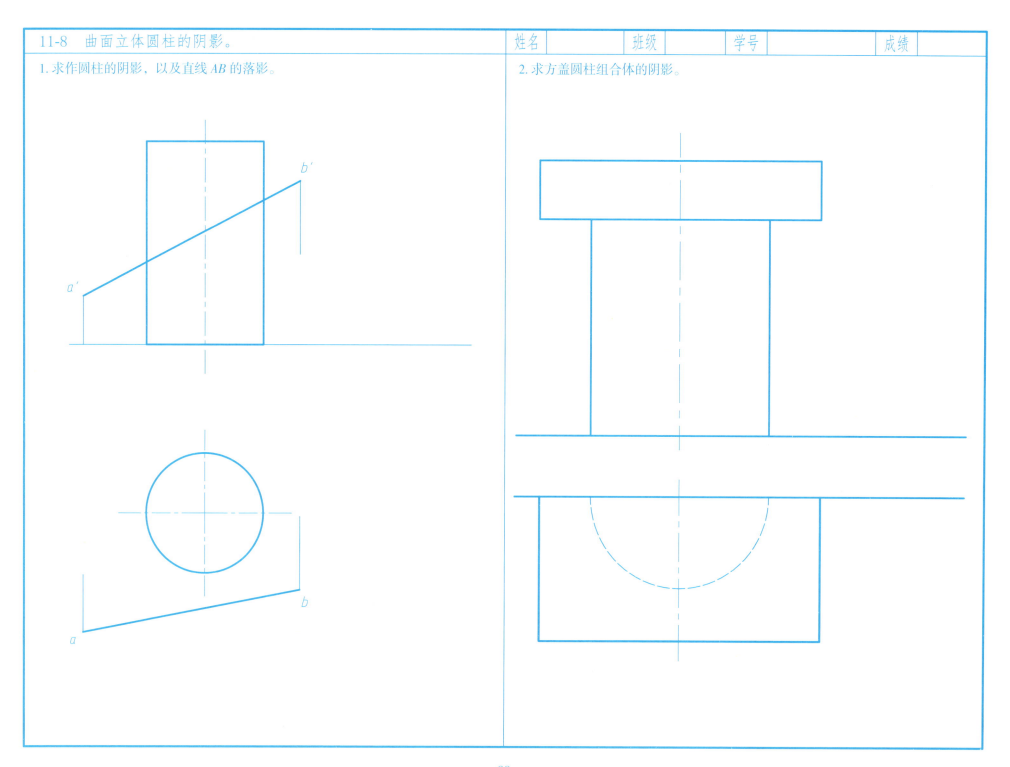

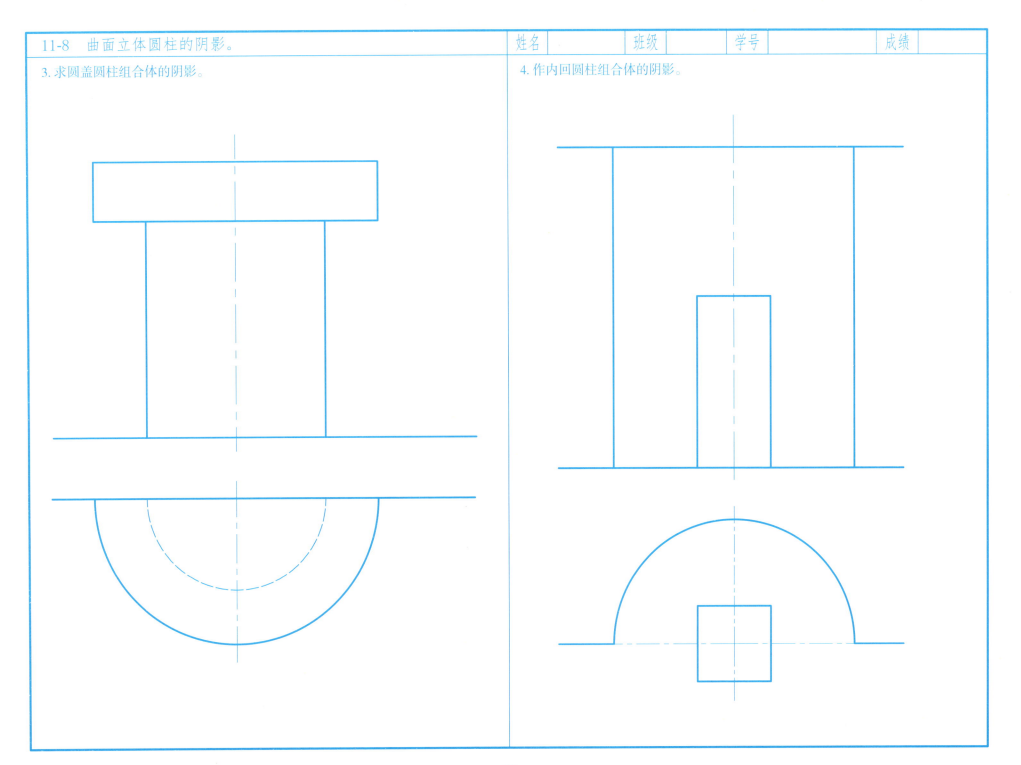

第 12 章 建筑透视

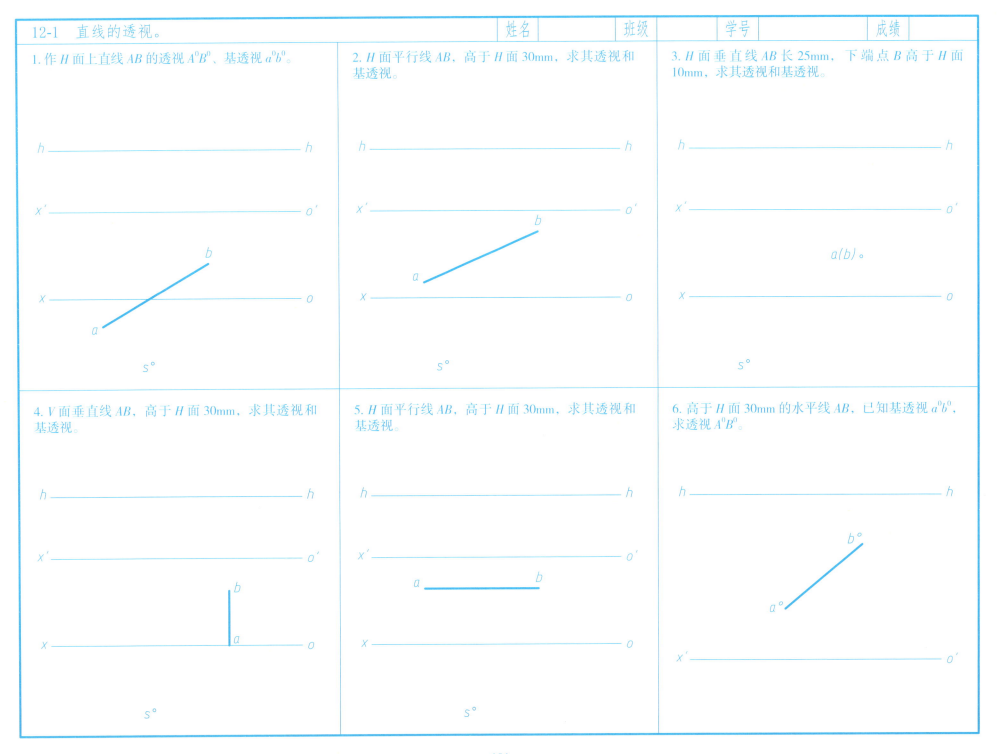

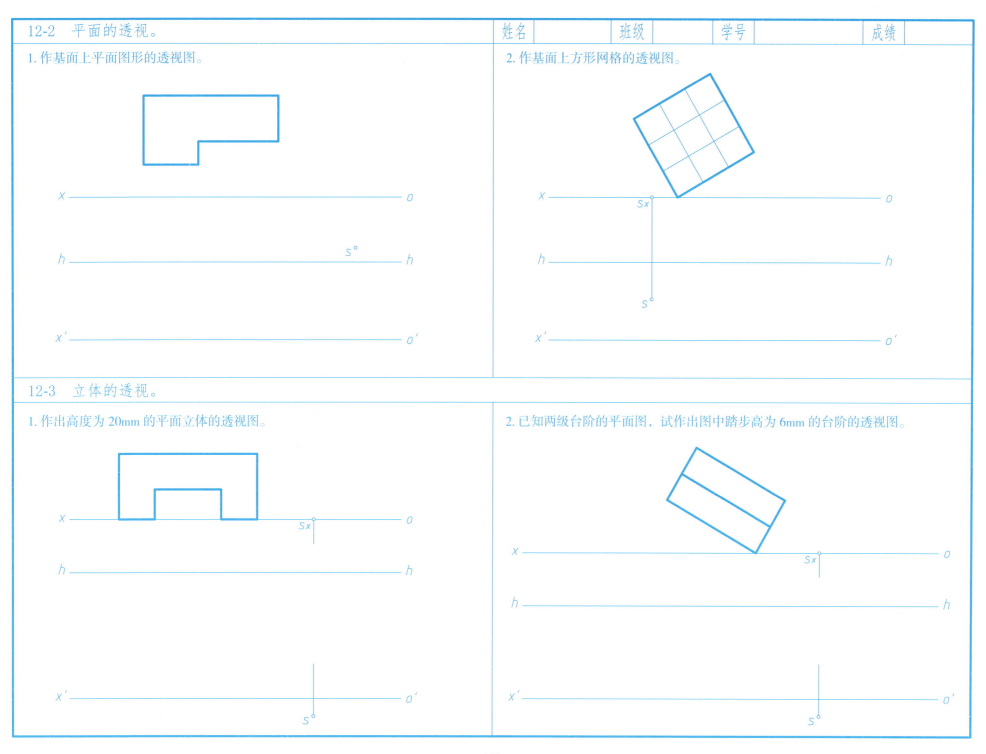

12-4 作出异形斜坡顶房屋的两点透视,屋面坡度为30°。

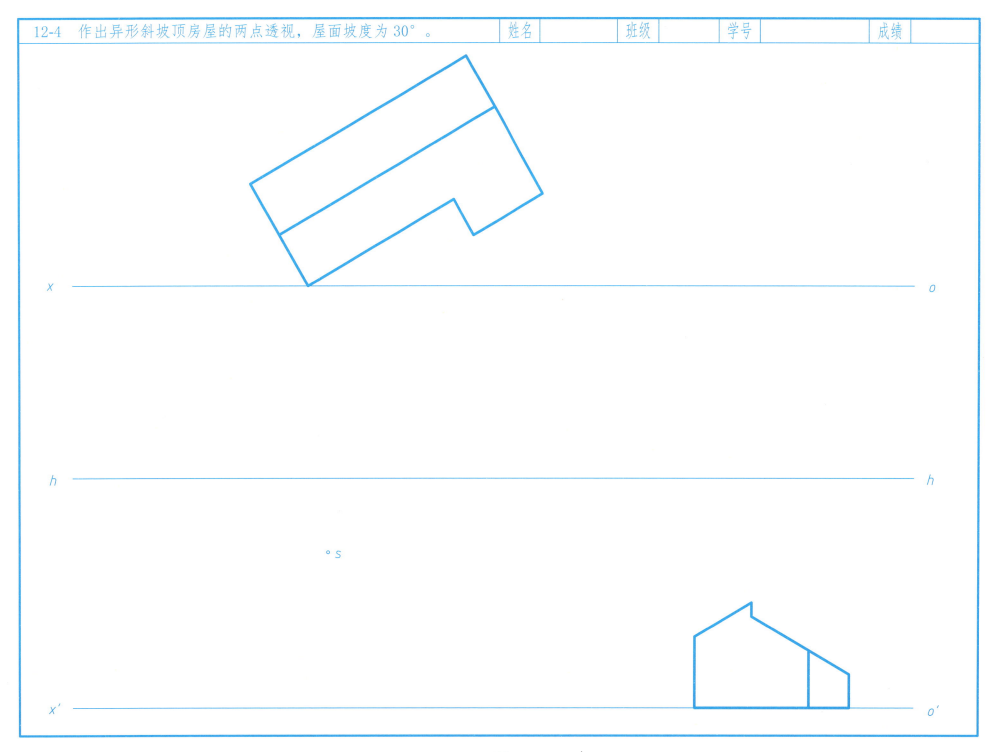

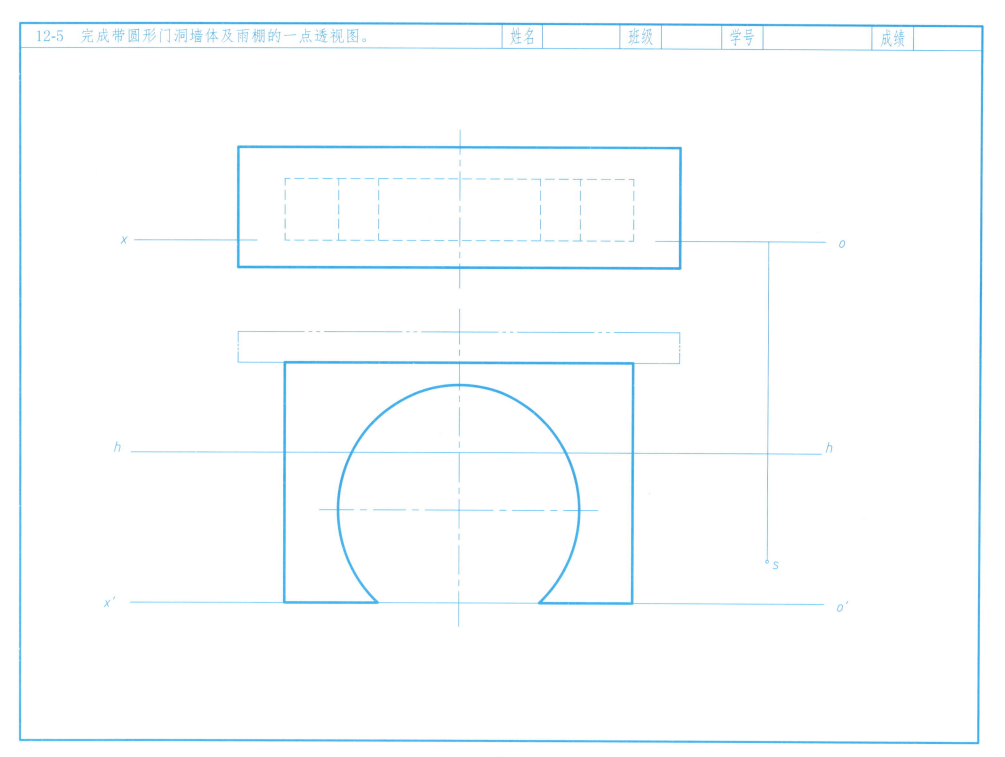

| 12-6 | 作建筑形体的两点透视。 | 姓名 | 班级 | 学号 | 成绩 |

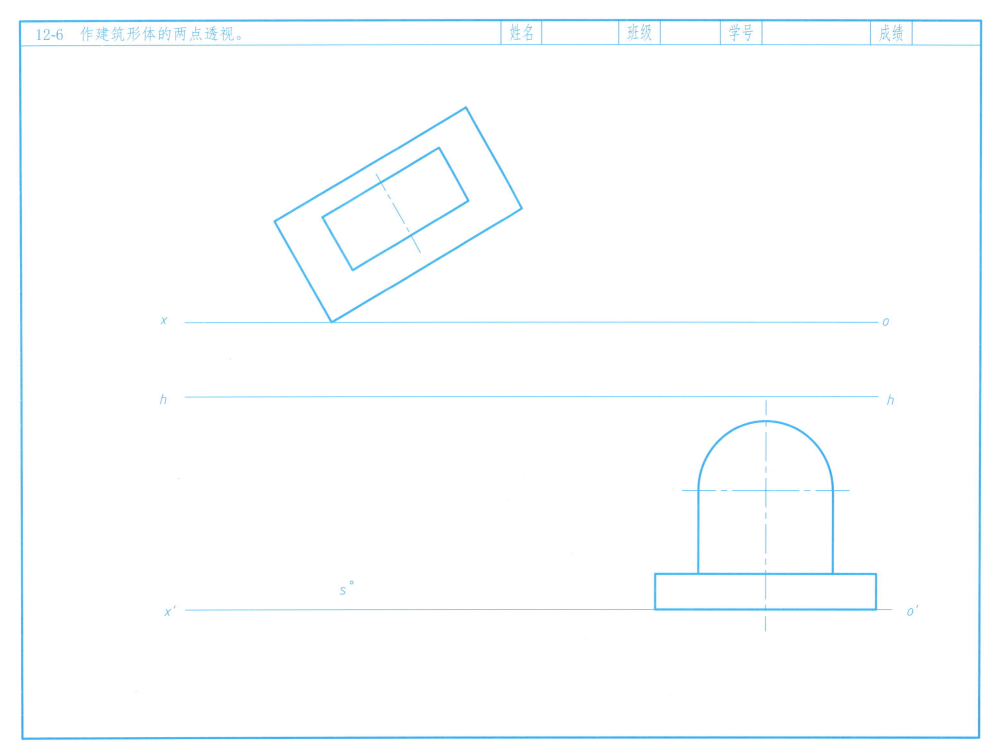

第 13 章 水利工程图

| 13 水利工程图。 | 姓名 | 班级 | 学号 | 成绩 |

1. 如图所示，箭头表示水流的方向，已知水闸闸室的 A—A 剖面图、平面图和 1—1 断面图，补画其上、下游立面图。

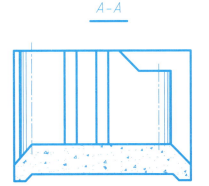

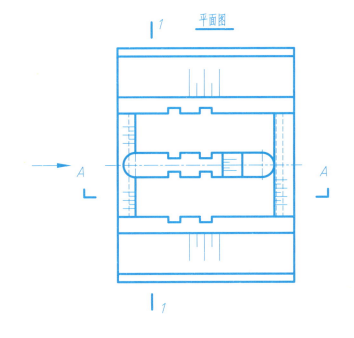

| 13 | 水利工程图。 | 姓名 | 班级 | 学号 | 成绩 |

2. 已知水闸某段的 A—A 剖面图、C—C 剖面图、平面图和 B—B 断面图，作出其翼墙上圆柱与斜坡平面的交线，并绘出图中曲面的素线。

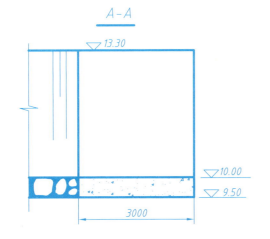

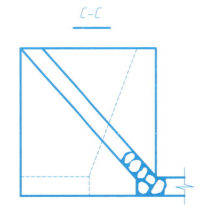

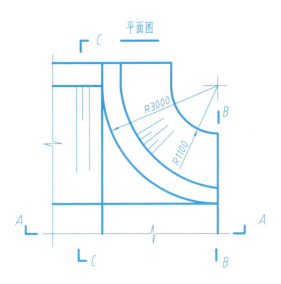

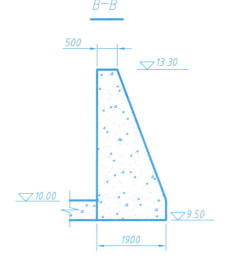

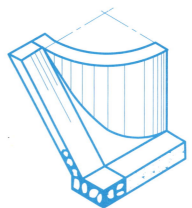

| 13 | 水利工程图。 | 姓名 | 班级 | 学号 | 成绩 |

3. 如图所示，已知某扭曲面翼墙的 A—A 剖面图和平面图，作出其 B—B 剖面图和扭面的 C—C 断面图。

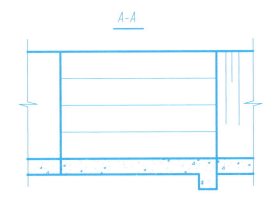

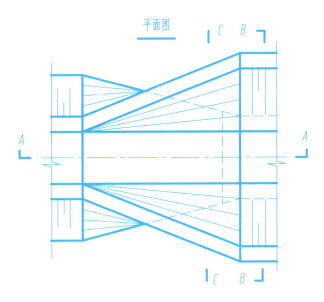

| 13 | 水利工程图。 | 姓名 | | 班级 | | 学号 | | 成绩 | |

4. 如图所示，在 A3 的图纸上抄绘渡槽槽身的主视图、A—A 剖面图和 B—B 剖面图，并补绘其平面图（比例自定）。

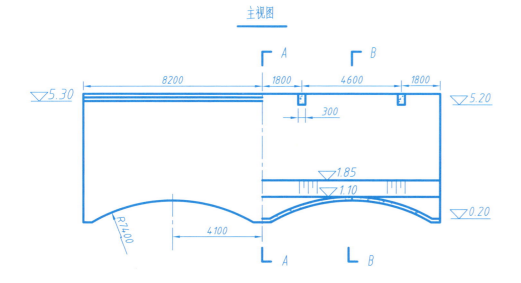
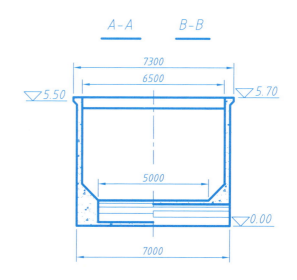

13　水利工程图。

5. 如图所示，已知某涵洞的纵剖面图、平面图和 A—A 断面图，作出上、下游立面图和 B—B 断面图。

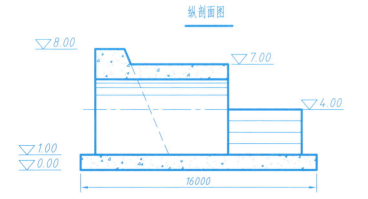

纵剖面图

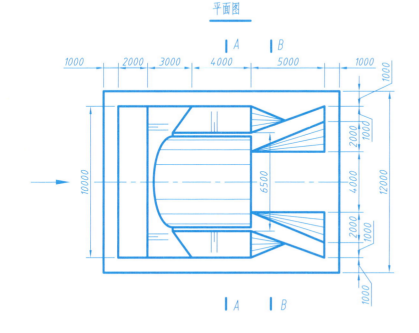

平面图

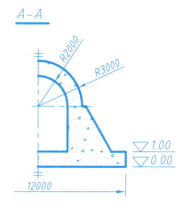

A-A

| 13 | 水利工程图。 | 姓名 | | 班级 | | 学号 | | 成绩 | |

6.如图所示,已知某泄洪闸的纵剖面图和平面图,作出其上、下游立面图。

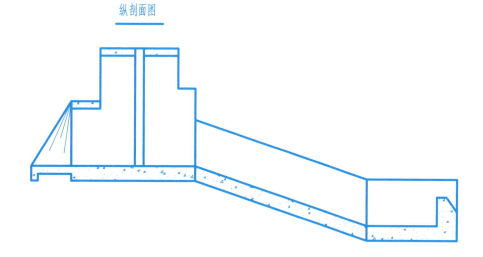

纵剖面图

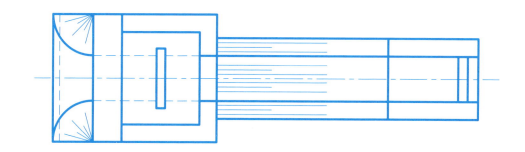

平面图

| 13 | 水利工程图。 | 姓名 | 班级 | 学号 | 成绩 |

7. 在 A3 图纸上抄绘渠道进水口的纵剖面图、平面图、A—A 断面图和 B—B 断面图，并补绘其上、下游立面图。（比例：1:100　单位：cm）

纵剖面图

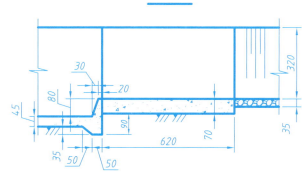

平面图

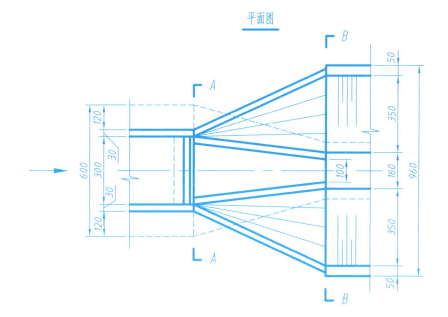

A—A　　B—B

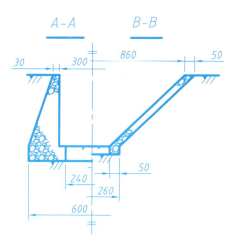

第 14 章 计算机绘图基础

| 14 计算机绘图基础。 | 姓名 | | 班级 | | 学号 | | 成绩 | |

1.根据下图尺寸要求，用AutoCAD绘制图框和标题栏。

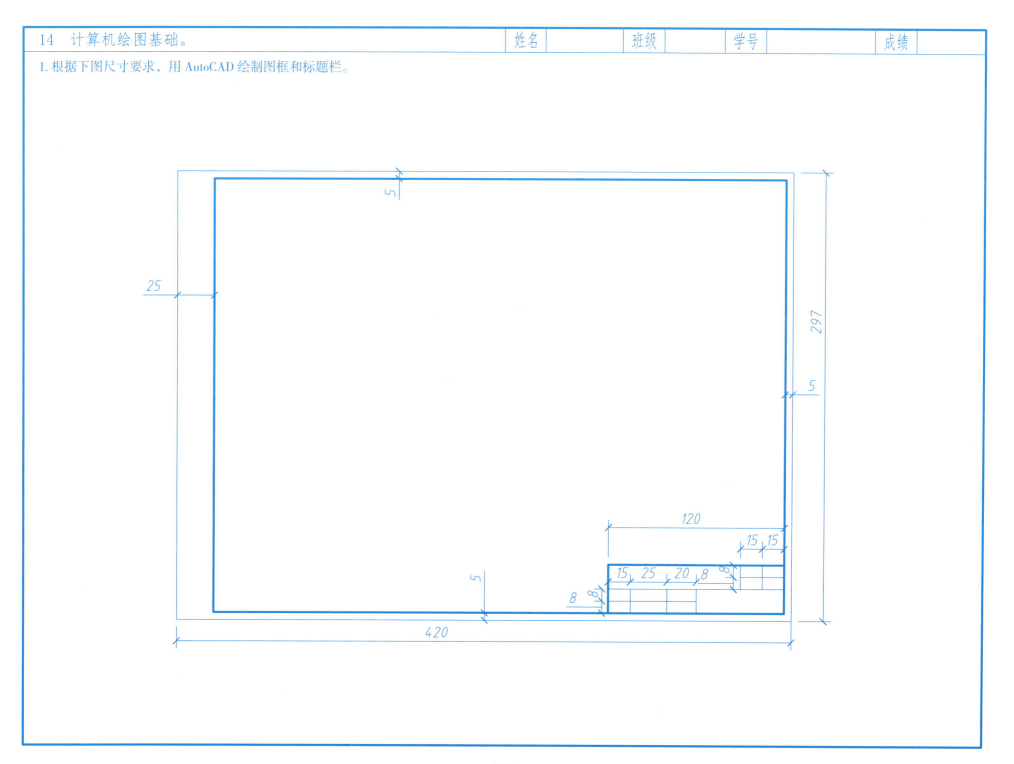

14 计算机绘图基础。

2. 用 AutoCAD 绘制如图所示线型练习图例。（尺寸未给处自定）

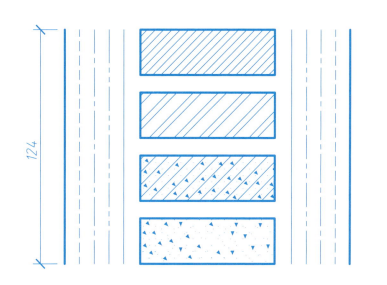

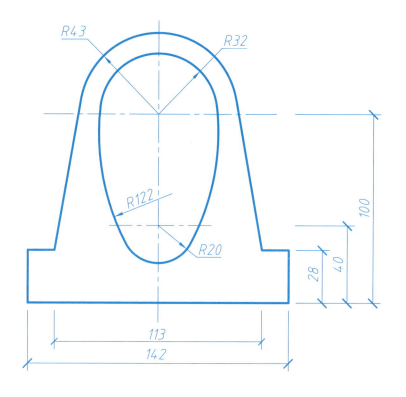

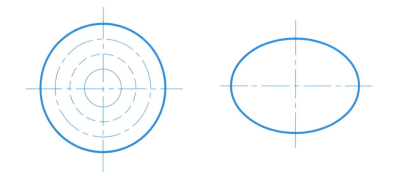

| 14 | 计算机绘图基础。 | 姓名 | 班级 | 学号 | 成绩 |

3. 用 AutoCAD 绘制下图所示吊钩。

4. 用 AutoCAD 的二维绘图与编辑命令绘制图形。

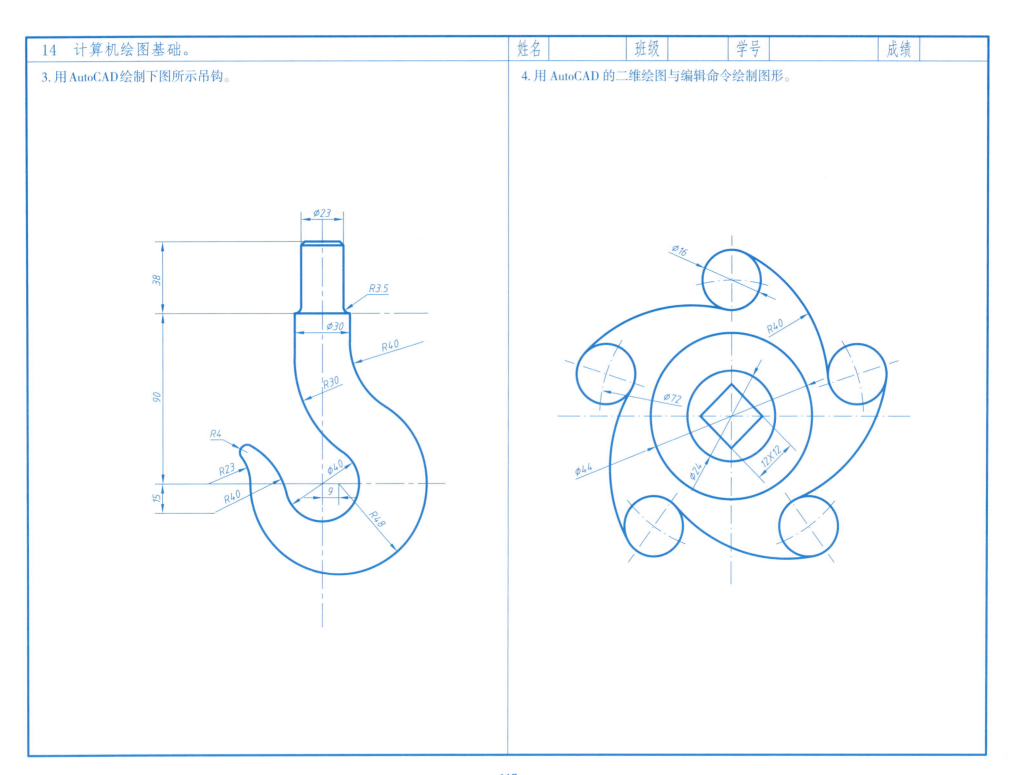

14 计算机绘图基础。

5. 用 AutoCAD 绘制下图所示建筑底层平面图。

底层平面图 1:100

| 14 计算机绘图基础。 | 姓名 | 班级 | 学号 | 成绩 |

6. 用 AutoCAD 绘制滚水坝设计图。

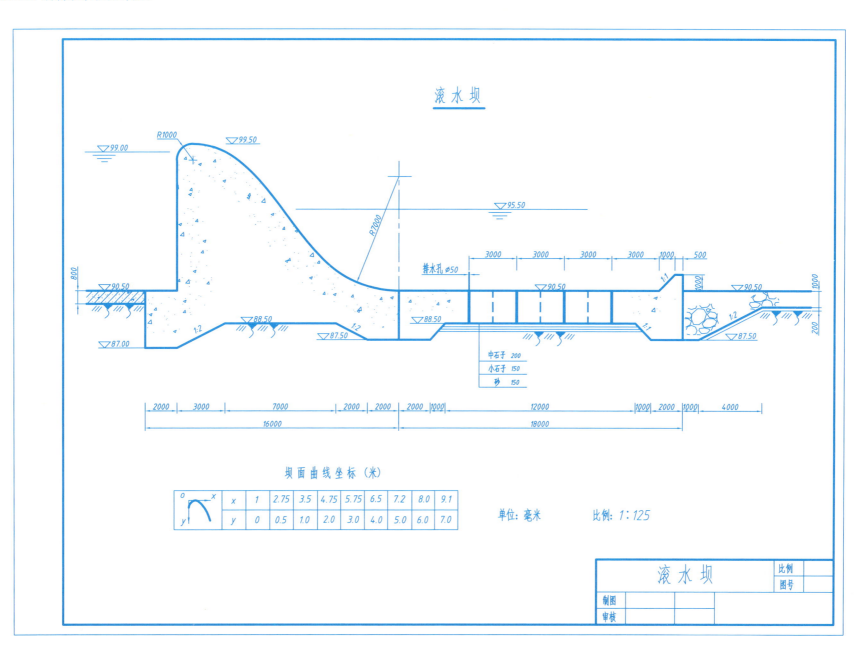

参考文献

[1] 刘永，夏唯主编. 机械工程图学习题集 [M]. 武汉：武汉大学出版社，2020.

[2] 陈永喜，靳萍主编. 土木工程图学习题集 [M]. 3版. 武汉：武汉大学出版社，2017.

[3] 丁宇明，张竞主编. 土建工程制图习题集 [M]. 3版. 北京：高等教育出版社，2012.